Sofia
BULGARIA
BLAC
Thessaloniki
Bosporus
Istanbul
Dardanelles
Izmir
AEGEAN SEA
TUR
ANATOL
Antalya
Rhodes
CYPRUS

CAUCASUS
Mt. El'brus
18,510
SEA
GEORGIA
Tbilisi
nsun
Trabzon
Yerevan
nkara
Mt. Ararat
16,945
(Agri Dagi)
Erzurum
KEY
Lake Van
Tigris
Gaziantep
Euphrates
Aleppo
Mosu
Kirkuk
SYRIA

터키의 매혹

터키의 매혹

글·사진 이태원

들어가는 말

「동서문명의 십자로」, 「인류역사의 거대한 노천 박물관」, 「유럽과 아시아의 징검다리」, 「실크로드의 종착역」 등 터키의 매력을 잘 나타내는 애칭이 많다.

매혹의 나라 터키에 가면 유구한 역사와 찬란한 동서 문명이 남긴 숱한 흔적, 유네스코가 지정한 세계문화유산 10곳, 그리고 고대세계 7대 불가사의 두 곳을 만날 수 있다.

더욱이 고대 로마, 비잔틴, 오스만의 세 제국의 수도로서 지난날의 영광이 깃들어있는 2천 5백년의 고도, 영원의 도시 이스탄불이 있어 그 매력을 더해준다.

터키는 일찍이 기독교가 뿌리를 내린 「성서의 땅」이다. 그런가 하면 세마 춤으로 상징되는 이슬람 신비주의 교단의 발상지며 오스만 시대에 이슬람 문화가 꽃핀 「이슬람의 땅」이기도 하다. 지금은 국민의 대부분이 이슬람교를 믿는 이슬람 국가다. 그런데도 이슬람교가 국교가 아니다.

동서東西·고금古今·성속聖俗이 아우러져 있어 터키는 세계 어디에서
도 찾아볼 수 없는 신비롭고 불가사의한 매력이 넘친다. 동서의 건
널목에 자리하고 있어 아시아도 아니고 유럽도 아닌 터키만의 독특
한 분위기를 만끽할 수 있다. 그리고 친절하고 인정이 넘치는 터키
인이 그 매력을 더해준다.

최근 한국인의 터기 여행자가 급격히 늘고 있다. 세계적인 관광
대국으로 볼거리, 즐길거리, 배울거리가 많고 대한항공, 아시아나
항공, 터키항공이 서울에서 이스탄불까지 직행하고 있어 매우 편리
해졌기 때문이다.

다만 터키 여행은 이집트나 앙코르 왓의 여행처럼 충분한 예비
지식을 갖고 가야할 여행지다. 그렇지 않으면 터키 여행의 보람이
반감된다.

《터키의 매혹》은 여러 번 터키 여행을 하면서 얻은 경험과 수집
한 자료를 토대로 집필한 새로운 스타일의 여행 안내서다. 터키 여
행을 하려는 분들에게 도움이 되도록 터키의 매력, 일신교인 기독

교와 이슬람교의 이해, 터키의 간추린 역사, 자연, 문화 그리고 많은 관광지 중 한국인이 많이 찾는 관광지를 소개했다. 직접 찍은 사진을 곁들여 보다 이해하기 쉽게 했다.

터키는 가도 또 가고 싶은 매혹의 나라다. 이 책이 더욱 값지고 보람 있는 터키 여행이 되도록 길잡이가 될 것으로 믿는다.

2013년 3월 새로운 봄에
화운(禾耘) 이태원(李泰元)

TURKEY

동서 문명의 십자로

술탄아흐메드 광장의 명물, 전통 옷을 입고 치장한 거리의 물장수

매혹의 나라
터키

아시아에서 솟은 해, 유럽으로 지다

아시아와 유럽, 두 대륙이 만나는 아나돌루^{Anadolu 1)} 반도에 흑해와 지중해를 끼고 매혹의 나라 터키가 자리한다. 정식 나라 이름은 튀르키예 줌후리예티^{Türkiye Cumhuriyeti}, 영어로 터키 공화국^{Republic of Turkey}이다. 아나돌루는 그리스어로 '해뜨는 땅', 튀르키예는 터키어로 '터키인의 나라'를 뜻한다.

국토의 97%가 아시아 맨 서남쪽 끝의 아나돌루 반도에, 나머지 3%는 유럽 맨 동남쪽 끝의 발칸반도에 걸쳐있다. 따라서 터키에는 언제나 「동서의 징검다리」라는 애칭이 붙는다.

---

1) 아나돌루(영어로 아나톨리아Anatolia)는 '해 뜨는 땅'을 뜻하는 그리스어 아나톨리코스Anatolikos에서, 유럽Europe은 '해 지는 땅'을 뜻하는 메소포타미아어 에레브Ereb에서 유래됐다 아나돌루는 원래 아시리아어로 '해 뜨는 동쪽 땅'을 뜻하는 「아시아Asia」라고 불렀으나 그 동쪽에 더 큰 아시아가 있는 것을 알고 '작은 아시아'라는 뜻으로 소아시아Asia Minor라고 부르게 되었다.

터키는 국토의 대부분이 아시아 대륙에 자리하고 있어 지리적으로는 아시아 국가다. 하지만 「유럽 국가」라는 것이 터키 공화국의 공식입장이다. 이 때문에 터키는 유럽연합(EU)의 일원이 되기 위해 많은 노력을 하고 있다. 국민의 의식도 아시아보다 유럽에 더 가깝다. 터키인은 몸만 아시아에 있을 뿐 마음은 유럽에 가 있다. 동양인에 뿌리를 둔 서양인이고 서양인이 되고 싶은 동양인이라고나 할까.

이 해뜨는 땅에 고대로부터 동서 여러 민족의 흥망이 거듭되고 다양한 문명과 종교가 지나가면서 남긴 자국이 지금의 터키다. 영국 역사학자 토인비A.J. Toynbee(1889~1975)는 이러한 터키를 가리켜 「인류 역사와 문명의 거대한 노천 박물관」이라 했다.

바다, 강, 호수 그리고 만년설의 고산준령

해마다 지구촌 곳곳에서 3천만 명이 넘는 외국관광객이 찾아드는
터키는 과연 어떤 나라일까?

터키는 비잔틴·오스만 시대의 위대했던 역사 위에 넓은 국토와
풍부한 천연·관광자원을 기반으로 적극적인 세속화·근대화·경제
성장을 통해 미래의 세계 경제·관광대국을 지향하고 있는 이슬람
국가다.

터키는 아나돌루 반도에 자리한 평균 고도 1,130m의 고원국가다.
동서로 1,600km, 남북으로 550km에 국토면적이 우리나라의 약 3.5
배나 되는 78만km²로 세계에서 36번째로 크다.

삼면이 흑해, 지중해, 에게 해에 면해있는 반도인데도 터키는 여덟 나라[2]와 국경을 맞대고 있다. 지형과 기후에 따라 터키는 서북부의 마르마라 해 지역(이스탄불), 서남부의 에게 해 지역, 북부의 흑해 지역, 남부의 동지중해 지역, 중부내륙의 고원 지역, 동북부의 산악 지역, 동남부의 국경 지역 – 이렇게 7개 지역으로 나누어진다.

지형이 서부의 평원에서 동으로 갈수록 고도가 높아지다가 중부 고원지대를 지나 동부의 국경 부근에 이르면 아르메니아 고원으로 이어진다. 그 끝에 터키에서 가장 높은 해발 5,185m의 아으르 다으 Ağrı Dağı(영어로 아라라트 산 Mt. Ararat)가 솟아있다.

흑해와 나란히 폰투스 산맥Pontus Daglari이, 지중해와 나란히 토로스 산맥Toros Daglari이 길게 동서로 뻗어 있다. 두 산맥 사이의 내륙 고원은 광대한 초원지대로 목축업이 발달해 있고, 산맥과 바다 사이의 해안평야는 곡창지대로 농업이 크게 발달해 있다.

터키에는 디클Dicle(티그리스)과 피라트Firat(유프라테스) 강을 비롯하여 15개의 강이 있다. 중부내륙의 고원지대에서 흑해로 흐르는 가장 긴 강이 길이 1,355km의 크즐으르막강(붉은 강)Kızılirmak이다. 호수도 많다. 가장 큰 호수가 동부의 소금호수 반Van이다.

---

2) 서는 불가리아와 그리스, 동은 아르메니아, 아제르바이잔, 이란, 동북은 그루지야, 동남은 시리아, 이라크의 여덟 나라.

　터키는 세계에서 두 번째로 지진이 자주 일어나는 알프스 – 히말라야 조산대^{Alpide belt 3)}에 자리한 지진국이다. 1939년 이후 큰 지진이 10번이나 있었다. 일본처럼 온천이 많지만, 중부 고원지대는 서서히 사막화가 진행되고 있다.

---

3)　유라시아의 남쪽 가장자리를 따라 뻗어있는 알파이드대로 지진이 가장 많은 환태평양조산대로 이어진다.

기후는 온대성 기후로 사계절이 있으나 봄과 가을이 짧다. 서부의 에게 해와 남부의 지중해 연안은 지중해성 기후로 겨울에 따뜻하고 비가 많이 내리나 여름에 매우 덥고 건조하다. 북부의 흑해연안은 따뜻하고 비가 많은 해양성 기후다. 국토의 반을 차지하는 중부 고원지대와 동부 산악지대는 대륙성 기후로 여름에는 무덥고 건조하며 겨울에는 춥고 눈이 많이 내린다. 5월에서 9월까지가 여행하기 가장 좋은 때다.

유목민의 후예 터키인 – 터키어

터키인은 중앙아시아의 초원에서 온 기마유목민인 튀르크 족(돌궐 족)의 후예다. 지금은 없어졌지만, 원래는 터키인도 몽골반점이 있었다고 한다. 인종적으로 몽골로이드에 속했으나 서진西進하면서 아랍인과의 혼혈이 대대적으로 이루어졌다. 그 뒤로도 유럽계 여러 민족과의 계속된 혼혈로 지금의 터키인은 튀르크 족의 피가 거의 없는 동양계 유럽인으로 코카소이드Caucasoid(백색인종)의 피가 섞인 몽골로이드Mongoloid(황색인종)이다.

체격은 아시아인에 가까워 작지만, 눈과 코는 유럽인에 가까워 크다. 검은 머리와 갈색의 눈에 피부는 누런빛을 띤 흰색이며 입술이 두껍다. 팔이 짧고 손도 작다.

터키의 인구는 7천4백만 명(2010년 기준)으로 세계 18위다. 그중 90%가 터키인Turkish people이다.[4] 나머지 10%가 쿠르드인, 아르메니아인, 아랍인, 유대인 등 소수민족이다. 그러나 터키 정부는 터키에 살며 터키어를 하는 사람을 모두 터키인으로 보기 때문에 공식적으로 터키에는 소수민족이 없다고 보아야 한다.

공용어는 터키어다. 한국어나 몽골어와 마찬가지로 터키어는 알타이어족Altaic languages에 속한다. 따라서 문장의 구성순서, 모음조화, 어미 활용, 문법 등이 한국어와 비슷하다. 터키어는 세계에서 다섯 번째로 많은 사람이 사용하는 인어로 사용지가 약 2억 2천만

---

[4] 현재 전 세계 튀르크 족 중 40%가 터키에 거주하고 나머지 60%는 터키 밖에 거주한다.

명에 이른다. 문자는 고유의 문자가 없어 8세기부터 아랍문자를 사용했다. 그러나 이 문자는 사용하기가 너무 어려워 1928년에 폐지됐다. 그 대신 쓰기 쉬운 29자로 된 라틴 문자^(로마자)를 새로운 터키 문자로 사용하고 있다.

터키의 전통문화

흥미로운 것은 터키가 서구화·근대화하면서 유럽으로부터 많은 문물이 들어왔다. 하지만 터키에서 유럽으로 건너간 문물도 많다. 대표적인 것이 18세기에 종이가 일반화될 때까지 사용했던 양피지羊皮紙를 들 수 있다. 그밖에 초승달 모양의 빵 크루아상, 터키가 원산지인 튤립, 맵지 않은 고추 파프리카, 커피, 요구르트, 터키가 발상지인 생과일 아이스크림 셔벗, 그 밖에 카펫, 타일, 소파, 카페 문화, 터키 행진곡과 군악대 등을 들 수 있다. 이탈리아의 전통음식으로 알려진 피자도 터키 전통음식 피데가 그 기원이라 한다.

경제·관광 대국 지향

터키는 식량과 유제품이 자급자족되는 농업·목축국이다. 헤이즐넛, 무화과, 살구, 체리는 세계 제일의 생산국이며 밀, 목화, 올리브, 양모, 사탕은 세계적인 수출국이다. 천연자원이 풍부하여 섬유, 철강, 금속, 화학공업이 크게 발달해 있다. 경제성장이 유럽연합의 평균 성장률보다 높다. 1인당 국민소득이 11,000달러(2011년 IMF)이다. 터키 공화국의 건국 100주년이 되는 2023년에 터키는 세계 10위권의 경제 대국을 목표로 하고 있다. 또한, 터키는 관광자원이 풍부한 세계 7위의 관광대국이다. 2011년의 외국관광객이 3천145만 명에 관광수입이 230억 달러였다. 2023년에 외국관광객 5천만 명에 관광수입 500억 달러를 목표로 하고 있다.

이스탄불의 탁심 광장에 있는 구국전쟁과 공화국설립을 테마로 한 「공화국의 기념탑」

인류역사의
축소판

02

18개 종교와 20개 언어가 있는 다민족의 나라

2012년에 터키는 건국 1,460주년을 맞이했다. 터키가 건국 원년으로 삼고 있는 552년은 중앙아시아의 유목민인 튀르크 족^{Türk}이 유목국가 괵튀르크^{Göktürk(552~747년) 5)}를 세운 해다. 이 유목국가가 우리 역사에도 등장하는 돌궐突厥 6)이다.

8세기 초 돌궐이 멸망한 뒤, 중앙아시아에 흩어져있던 튀르크 족(돌궐 족)이 새로운 땅을 찾아 서로 대이동을 시작한 것은 9세기였다. 서진西進 중 10세기에 이슬람화된 튀르크 족은 11세기 후반에 아나돌루 고원에 정착했다. 그리고 곧바로 튀르크계 왕국 룸 셀주크 ^{Rum Seljuk(1077~1307)}를 세웠다. 이때부터 고대 그리스인과 로마인이 지

---

5) 튀르크어로 괵Gök은 '하늘', 튀르크Türk는 '강하다'는 뜻으로 괵튀르크는 '하늘이 내린 강한 나라'를 가리킨다.

6) 돌궐의 돌突은 '날뛰다', 궐厥은 '오랑캐'를 뜻한다. 수시로 침입하는 북방 유목민을 못마땅하게 여긴 중국인들이 '날뛰는 오랑캐'라는 뜻으로 돌궐이라고 불렀다.

배해온 기독교 세계였던 아나돌루 반도가 튀르크화·이슬람화되기 시작했다.

룸 셀주크의 뒤를 이어 14세기에 등장한 오스만 제국^{Ottoman Empire(1299~1922)}을 거쳐 20세기 초에 지금의 터키 공화국이 탄생하여 오늘에 이른다. 이처럼 터키는 중앙아시아의 유목민인 튀르크 족^(돌궐족)의 후예가 세운 나라로 그 역사가 매우 오래다.

기원전 9천 년의 흙벽돌집에서

고대 문명의 발상지인 메소포타미아 못지않게 터키가 자리한 아나돌루 반도는 그 역사가 오래다. 기원전 9천 년 구석기시대부터 이곳에 사람이 거주하기 시작했다. 빙하기가 끝나고 기원전 6천5백년 무렵 신석기시대가 시작되면서 이곳 원주민들은 수렵과 채집생활을 끝내고 정착하여 농사를 짓고 가축을 기르기 시작했다. 중부터키의 차탈회윅에 햇볕에 말린 흙벽돌집을 짓고 원주민들이 모여산 흔적이 남아있다.

로마 황제 콘스탄티누스 1세

최초의 철기문화 - 히타이트 제국

이렇게 시작된 아나돌루의 역사는 기원전 3천 년 무렵 청동기시대에 아나돌루의 서부지역에 트로이를 비롯하여 그리스인이 세운 도시국가들이 생겼고 화려한 청동기 문화가 꽃피었다.

기원전 17세기 인류사상 최초로 철을 제조·사용한 히타이트 족^{Hittite}이 강대한 군사력과 말이 끄는 두 바퀴 전차를 앞세워 주변의 도시국가들을 차례로 정복하여 거대한 히타이트 제국을 건설했다.

기원전 14세기가 전성기였다. 이때 그 영토가 아나돌루를 중심으로 지중해부터 페르시아 만까지 이르렀다.

기원전 13세기에 히타이트 제국은 고대 이집트 제국과 시리아의 지배권을 놓고 카데쉬Kadesh에서 격돌했다. 양 제국은 승패를 가리지 못한 채 평화조약을 체결했다.

기원전 12세기 무렵 「바다의 민족Sea Peoples」[7]에 히타이트 제국이 멸망한 후 기원전 8세기까지 아나돌루는 작은 왕국들이 분할 지배했다. 그중에 〈황금의 손〉의 전설로 유명한 미다스Midas 왕의 프리기아Phrygia, 최초로 금속화폐를 주조하여 사용한 리디아Lydia, 그리고 아나돌루의 동부를 지배했던 고대 왕국 우라르투Urartu 등이 있었다.

기원전 7세기 아나돌루 서부의 에게 해 연안에 이오니아인(그리스 민족의 일파)이 비잔티온(지금의 이스탄불), 에페소스(지금의 에페스), 일리온(지금의 트루바), 밀레토스(지금의 밀레트) 등 도시국가를 세웠다. 이들 도시국가는 신전, 아고라(광장), 원형극장을 선설했고 학문과 예술이 크게 번성했다.

---

7) 기원전 13~12세기에 동지중해 지역을 방황하면서 지중해 일대를 대혼란에 빠뜨린 여러 민족 집단.

역사의 기적 – 비잔틴 제국

아나돌루는 기원전 6세기에 페르시아 제국, 기원전 4세기에 알렉산드로스 대왕의 지배를 받았다. 이 시기에 그리스 문명과 페르시아 문명이 만나 동서를 융합한 헬레니즘 문명이 탄생했다.

알렉산드로스 대왕이 죽은 뒤 아나돌루에 페르가몬 등 여러 왕국이 생겼으나 모두 기원전 1세기에 고대 로마 제국에 흡수됐다. 4세기 초 고대 로마 제국을 재통일한 황제 콘스탄티누스 1세는 수도를 로마에서 비잔티움으로 옮기고 그 이름을 콘스탄티노플Constantinople이라 했다.

4세기 말 고대 로마 제국이 동서로 분열됐다. 그리고 5세기 말에 서로마 제국이 멸망했다. 그러나 동로마 제국(비잔틴 제국)은 15세기까

톱카프 궁전의 둘째 정원에서 오스만 제국의 공식행사가 열리고 있는 모습

지 약 천 년 동안 존속했다. 세계의 역사에 있어서 이렇게 오래 존속한 국가는 많지 않다. 역사의 기적이라 할 수 있다.

비잔틴 시대에 고대 그리스·로마의 전통과 오리엔트, 이슬람 문화에 기독교(동방 정교회) 문화가 융합한 비잔틴 문명이 탄생했다. 비잔틴 제국의 최전성기는 6세기의 유스티니아누스 대제 때였다. 이때 비잔틴 제국은 이집트부터 스페인까지 고대 로마 제국의 영토를 거의 회복했다. 비잔틴 제국은 수도 콘스탄티노플을 중심으로 유럽과 기독교 세계의 중심이 됐다.

그러나 7세기 아랍민족의 침입, 11세기 룸 셀주크의 침공, 13세기 십자군의 공격, 14세기 오스만 제국의 세력 확장으로 비잔틴 제국은 영토의 대부분을 잃고 마지막에는 콘스탄티노플만 남았다.

다민족·다종교·다언어의 거대제국 오스만

1453년 오스만 제국이 콘스탄티노플마저 점령함으로써 비잔틴 제국은 멸망했다. 천 년 가까이 페르시아인, 아랍인, 튀르크인 등 동방민족의 유럽대륙 침공을 막아왔던 유럽의 방벽이 무너졌다. 이를 계기로 이슬람 제국의 스페인 점령, 오스만 제국의 두 번에 걸친 빈 포위공격으로 유럽대륙을 위협에 싸이게 했다.

잇단 십자군의 원정과 몽골군의 침공으로 멸망한 룸 셀주크Rum Celjuk의 뒤를 이어 13세기 말에 오스만 1세(1258~1324)가 전제군주국가인 오스만 제국을 세웠다. 1453년 제7대 술탄 메흐메드 2세Mehmed II(1432~1481)는 콘스탄티노플을 함락했다. 7세기 이슬람군이 콘스탄티노플을 최초로 포위 공격하고 800년 만이었다. 술탄 메흐메드 2세는 수도를 발칸반도의 에디르네에서 콘스탄티노플로 옮기고 이스탄불이라고 했다.

오스만 제국은 1396년의 발칸반도 정복, 1517년의 이집트 정복에 이어 1529년 「역십자군逆十字軍」 정책의 일환으로 유럽을 침공했다. 16세기 제10대 술탄 쉴레이만 1세Suleiman I(1494~1566) 때가 오스만 제국의 전성기였다. 지중해는 「오스만 제국의 연못」이라고 할 정도로 동서로 헝가리에서 이라크까지, 남북으로 이집트에서 러시아까지 영토를 확장했다.

「터키의 위협」이라고 부를 정도로 유럽 여러 나라에 대한 오스만 제국의 영향력은 컸다. 오스만 제국은 영토 내에 이슬람교·기독교 등 18개 종교와 20개 언어가 있는 다민족·다종교·다언어의 거대한 제국을 이룩했다. 그러나 17세기 제2차 빈 포위공격의 실패, 18세기 러시아와의 전쟁의 패배, 19세기 이집트를 비롯하여 그리스 등 지배지역 내 여러 나라의 독립으로 영토가 축소되고 국력이 쇠퇴해 갔다. 19세기 유럽 여러 나라의 산업혁명과 군대의 선진화 개혁에 오스만 제국은 적응하지 못해 국력이 쇠퇴하고 「유럽 빈사瀕死의 병인」으로 전락하고 말았다.

터키 공화국의 탄생과 근대화

독일과 동맹을 맺어 제1차 대전에 참전했다가 패전국이 된 오스만 제국은 영토의 대부분을 잃게 될 위기에 놓이게 됐다. 이에 무스타파 케말 파샤(장군)Mustafa Kemal Pasha(1881~1938)가 이끄는 터키 독립군이

연합군을 격퇴하고 로잔 조약[8]을 체결하
여 터키를 구출했다. 1922년 오스만 제국
은 멸망하고 마지막 술탄 메흐메드 6세는
영국으로 망명했다. 1923년 연합군은 철
수하고 새로운 터키인의 나라 터키 공화
국이 탄생했다.

초대 대통령이 된 무스타파 케말은 수
도를 앙카라로 옮기고 적극적인 탈 이슬
람화와 근대화 개혁을 통해 터키의 재건
에 전력했다. 터키는 정치와 종교의 분리[9],
이슬람교의 국교 폐지, 이슬람 법法의 폐
지와 유럽법의 도입, 문자개혁[10], 이슬람
복장과 터키 모의 착용금지, 일부다처제
금지, 여성 참정권 인정 등의 개혁을 통
해 새로운 나라의 기반을 구축하여 오늘
에 이르고 있다.

터키의 국부
아타튀르크 무스타파 케말

8) 1923년 7월 24일 스위스의 로잔에서 터키와 연합국 간에 체결된 조약Treaty of
    Lausanne으로 터키의 국경이 결정되었고 터키 공화국의 독립과 주권이 인정됐다.
9) 1928년에 헌법 제2조 '터키의 종교는 이슬람교다.'를 삭제.
10) 아랍문자 사용을 폐지하고 라틴 알파벳(로마자)으로 된 29개의 터키문자 사용
    (1928년)

인류 유산의
보고

역사·문화·종교·자연 유산이 넘치는 땅

03

동양과 서양이 만나는 「동서의 교차로」, 동서 여러 민족의 흥
망이 거듭된 「역사의 땅」, 다양한 문명이 만나 새로운 문명
을 탄생시킨 「문명의 요람」, 그리스도·이슬람 두 종교가 대립·공존
하면서 자란 「종교의 온상」, 실크로드의 발착지로 「동서 문물의 집
산지」, 아으르 다으·카파도키아·파묵칼레 등 터키 특유의 「자연유
산」에 이르기까지 - 터키는 인류 유산의 보고며 야외 박물관으로 터
키의 매력은 역사·문화·종교·자연 유산의 다양함에 있다.

터키가 자리한 아나돌루를 빼놓고 인류역사를 말할 수 없다고
할 정도로 터키는 역사의 축소판이나 다름없는 「역사의 땅」이다. 고
대 히타이트 제국을 시삭으로 그리스의 식민 도시국가, 알렉산드
로스, 고대 로마, 페르시아, 룸 셀주크, 비잔틴, 십자군의 라틴, 오
스만 제국에 이르기까지 - 터키는 동서 여러 민족과 거대한 제국들
이 지배하거나 거쳐 간 세계사의 무대였다.

뿐만 아니라 인류 최초의 문명인 메소포타미아를 비롯하여 히타이트, 고대 그리스, 페르시아, 헬레니즘, 고대 로마, 중세 비잔틴, 룸 셀주크와 오스만의 이슬람에 이르기까지 – 터키는 동서 여러 문명이 만나 동서융합문명을 탄생시킨 「문명의 요람」이다.

터키는 고대 그리스·로마 시대의 다신교, 비잔틴 시대의 기독교, 룸 셀주크와 오스만 시대의 이슬람교가 자라고 번성한 「종교의 온상」이다. 지금은 이슬람 국가지만, 터키가 자리한 아나돌루는 초기 기독교의 주요 무대로 이스라엘에 이어 기독교가 일찍이 뿌리를 내린 「성서의 땅」이다. 그뿐 아니다. 터키는 이슬람 신비주의의

메블라나 교단의 발상지이
기도 하다.

아나돌루는 고대부터
동·서양을 이어온 실크로
드의 시작이자 끝이다. 중
국의 장안(지금의 시안)에서 시
작하는 실크로드를 통해
비단, 종이, 화약, 도자기,
향료, 물감 등 동양의 특산
물이 대상들의 낙타에 실
려 이곳으로 왔다가 유럽 각지로 퍼져 나갔다. 또한, 나침반, 유리,
과학기술, 기독교, 이슬람교 등 서양의 문물이 이곳을 통해 동양
으로 건너갔다. 이렇게 터키는 실크로드의 「동서 문물의 집산지」며
동서교역의 중심지였다. 또한, 「세계유산」의 보고로 유네스코가 지
정한 세계유산 열 곳과 고대 세계 7대 불가사의 중 두 곳이 터키
에 있다.

터키는 역사·문화·종교유산이 많을 뿐만 아니라 변화가 풍부
한 아름다운 자연으로 유명하다. 보로딘Borodin 11)의 교향시 《중앙아
시아의 초원에서》를 연상시키는 고원의 푸른 초원, 하얀 목화밭과
황금빛 밀밭이 펼쳐져 있는 드넓은 평야, 만년설이 덮인 고산준령
등 이곳에는 모든 것이 있다.

---

11) 보로딘Alexander Borodin(1833~1887)은 러시아 국민음악의 선구자

역사·문화유산의 흔적들

오랜 역사·문명·종교가 남긴 숱한 유산이 터키의 곳곳에 남아있다. 대표적인 역사 유산으로는 고대 로마·비잔틴·오스만 세 제국의 수도로 중요한 유적이 모여 있는 이스탄불, 인류 최초의 집단거주 유적 차탈회윅, 최초로 철을 제조하고 사용한 히타이트 족의 유적 보아즈칼레, 호메로스의 대서사시 《일리아스》의 무대 트로이, 룸 셀주크의 수도 콘야, 오스만 제국 초기의 역사 유적이 많이 남아있는 부르사와 에디르네를 들 수 있다. 그밖에도 터키에는 〈황금의 손〉 전설의 미다스 왕의 무덤이 있는 고르디온, 율리우스 카이사르가 '왔노라, 보았노라, 이겼노라^{Veni, Vidi, Vinci' 12)}라는 유명한 말을 남긴 아마시아¹³⁾ 등이 있다.

대표적인 문화유산으로는 이스탄불의 비잔틴 예술 최고 걸작인 아야 소피아와 카리예 박물관의 모자이크 성화, 오스만 시대의 모스크들, 오스만의 심장 톱카프 궁전의 비보^{祕寶}와 성유물^{聖遺物}, 콘야의 룸 셀주크가 남긴 이슬람 문화유산, 에페스의 고대 로마 시대의 도시 유적, 페르가몬과 히에라폴리스의 헬레니즘 시대의 도시 유적 등이 남아있다. 그 밖에도 세계 최초의 주조화폐를 만들어 사용한 리디아의 수도 사르디스, 고대 그리스의 대서사시 《일리아스》로 유명한 호메로스가 태어난 이즈미르, 역사의 아버지 헤로도토스가

---

12) 고대 로마 장군 카이사르가 남긴 명언. 기원전 47년 폰투스의 파르나케스 2세와의 전쟁에서 승리한 직후 로마의 원로원에 보낸 승전보에서 쓴 말.

13) 아마시아Amasya는 기원전 1세기 흑해 연안의 내륙지방에 있던 폰투스 왕국의 수도.

태어난 보드룸이 있다, 그리고 이스탄불의 고고학 박물관과 고대
동방 박물관, 앙카라의 아나돌루 문명 박물관을 비롯하여 전국 곳
곳에 있는 박물관에서 귀중한 유물들을 만날 수 있다.

　대표적인 종교유산으로는 믿음의 아버지 아브라함이 태어난 샨
르우르파의 아브라함 동굴, 아브라함의 제2의 고향 하란, 노아의 방
주 전설이 전해오는 아으르 다으(아라라트 산), 에게 해 연안의 요한 묵시
록에 나오는 소아시아의 초대 일곱 교회, 안타키아의 세계에서 가
장 오래된 성 베드로 동굴 교회, 카파도키아의 암굴 교회와 프레스
코 성화, 에페스의 성모 마리아의 집과 사도 요한의 무덤, 사도 바

전통 토산품들

울의 고향 타르수스, 성 니콜라스가 태어난 산타클로스의 고향 파타라^{Patara}가 모두 터키에 있다. 그리고 325년의 제1차부터 787년의 제7차까지 기독교의 종교회의가 모두 터키에서 열렸다.[14]

그 밖에도 이스탄불의 여러 박물관에서 모세의 지팡이, 세례요한의 두개골, 다윗 왕의 칼, 이슬람교 창시자 무함마드의 머리카락 등의 성유물聖遺物을 볼 수 있다. 이슬람교의 3대 성지 중 하나인 에윱 술탄 자미가 이스탄불에 있다.

대표적인 실크로드의 유산으로는 룸 셀주크 시대에 지은 실크로

---

14) 325년 제1차 니케아, 381년 제2차 콘스탄티노플, 431년 제3차 에페소스, 451년 제4차 칼케톤, 553년 제5차 콘스탄티노플, 680년 제6차 콘스탄티노플, 787년 제7차 니케아종교회의가 지금의 터키 땅에서 열렸음.

드를 오가던 대상들의 숙소 카라반사라이^{Karavan Saray}가 터키의 곳곳에 남아있다. 카파도키아에서 콘야로 가는 도중에 있는 보존이 잘 된 카라반사라이 술탄하느가 가장 유명하다

유네스코의 세계문화유산으로는 중요한 유적이 모여 있는 「이스탄불의 역사지구^{Historic Area of Istanbul}」, 12세기의 모스크와 병원 유적 「디브리지^{Mosque & Hospital Divrigi}」, 기원전 17세기의 히타이트 유적 「하투샤^{Hattush}」, 헬레니즘 시대의 능묘와 신상 유적 「넴루트 다으^{Nemrut Dağı}」, 바다 민족의 유적 「크산토스 - 레툰^{Xanthos - Letoon}」, 오스만 시대의 목조 가옥이 모여 있는 「사프란볼루^{Safranbolu}」, 그리스 신화의 무대 「트로이^{Troy}」, 에디르네의 「셀리미예 자미^{Selimiye Camii}」, 세계 복합유산으로 카파도키아의 「괴레메 국립박물관과 기암^{Goreme National Park}」, 그리고 「히에라폴리스 · 파묵칼레^{Hierapolis - Pamukkale}」가 있다. 또한, 고대 세계 7대 불가사의 중 두 곳, 에페스의 「아르테미스 신전」[15]과 보드룸의 「마우솔로스 영묘」[16]도 있다.

터키의 대표적인 자연유산으로는 전설의 산 아으르 다으, 신비의 땅 카파도키아의 기암들, 파묵칼레의 순백의 석회붕 온천, 그리고 흰 바다 지중해, 검은 바다 흑해, 대리석 바다 마르마라 해, 섬이 많은 푸른 바다 에게 해에 이르기까지 아름다운 자연을 만날 수 있다.

---

15) 기원전 550년 무렵, 아나돌루의 서부, 에게 해 연안의 항구도시 에페스에 건조된 거대한 신전으로 아테네의 파르테논 신전보다 크다.

16) 할리카르나소스 마우솔로스 영묘Mausoleum at Halicarnassus는 기원전 353년, 아나돌루의 카리아 지방을 다스린 마우솔로스 왕을 위해 만든 높이 50m의 그리스 신전 풍의 대리석 무덤이다. 15세기 십자군의 침공으로 파괴됐다.

세계 3대 요리 - 터키의 식문화

터키 요리는 프랑스, 중국 요리와 더불어 세계 3대 요리의 하나로 꼽힌다. 터키 요리는 중앙아시아와 유럽이 만나는 지리적인 영향으로 유목민의 전통 고기 요리와 지중해의 생선 요리 그리고 아나돌루의 올리브와 채소가 융합한 요리다. 게다가 오스만 시대의 세련된 궁중 요리의 영향을 받아 종류가 다양한 요리로 발전했다.

터키 요리의 정식 코스는 수프로부터 시작하여 다양한 전채, 고기 요리, 생선 요리, 후식 터키 과자, 그리고 마지막에 터키 커피나 차이(홍차)로 끝난다. 전채로는 다양한 채소나 콩을 잘게 갈아 요구르트와 버무려 빵에 발라 먹는 메제meze, 양의 머릿골 샐러드 베인 사라타스, 조개로 만든 순대 무르, 절인 올리브, 훈제한 쇠고기를 얇게 썬 파스투마 등 수십 종류가 있다. 가장 많이 사용하는 조미료가 올리브유이며 요구르트를 고기요리의 소스나 야채의 드레싱으로 사용한다. 요구르트는 순수한 터키어다.

주식은 바게트처럼 생긴 흰색 빵 에크멕Ekmek에 꿀이나 잼을 발라 먹거나 납작한 밀가루 반죽 피데Pide에 야채와 고기 등을 싸서 먹는다. 수프는 콩과 밀을 갈아서 찐 것에 요구르트를 뿌려 발효시켜 말린 일종의 조미료(탈하나)에 물과 다진 고기를 더한 탈하나 쵸르바스, 양의 위주머니를 잘게 썰어 양파, 마늘과 함께 푹 끓인 이슈켐베 쵸르바스, 요구르트 속에 잘게 썬 오이를 넣은 찬 수프 쟈쥬크 등이 있다.

메인 요리로는 주로 양고기와 닭고기를 사용한다. 이때 꼭 '신의 이름으로'란 뜻의 주문을 외우면서 소나 양이나, 닭을 도살하는 종

교의식(할랄)을 거친 고기만 사용한다. 고기의 조리방법에는 케바브 우즈가라(구이)와 하슈라마(찜)로 나누어진다.

　세계적으로 널리 알려진 터키 요리는 케밥Kebabı과 쾨프테Köfte다. 케밥은 '굽는다'는 뜻의 터키어로 긴 쇠꼬챙이에 얇게 썬 양고기나 쇠고기, 닭고기, 생선 등을 끼워 숯불에서 돌리면서 굽는 꼬치구이에 야채, 밥, 빵에 곁들여 먹는 전통 터키 요리다. 유목민이 초원에서 구워먹던 양고기 요리가 전해 내려온 것이다. 케밥은 재료나 요리방법에 따라 되네르Döner 케밥, 이스켄데르İskender 케밥, 쉬쉬Şiş 케밥 등 200여 가지나 되며 지방마다 특색이 있다. 쉬쉬는 터키어로

각종 향신료를 팔고 있는
식료품상
– 이집트 바자르

'굽는다'는 뜻으로 양고기를 쇠꼬챙이에 꽂아 굽는 꼬치구이 케밥
이다. 되네르는 '회전한다'는 뜻으로 잘게 다진 고기 반죽 덩어리를
쇠기둥에 끼워 돌려가며 구운 뒤에 얇게 썰어서 먹는 숯불 회전 구
이 케밥이다. 진흙 통구이인 쿠유 케밥과 요구르트와 토마토소스
를 되네르 케밥에 첨가한 이쉬켄데르 케밥이 있다.

쾨프테는 다진 고기에 여러 가지 양념과 다진 야채를 섞은 다음
에 구워서 물 녹말과 고추기름을 넣어 걸쭉하고 매콤하게 만든 요
리이다. 우리나라의 동그랑땡에 가깝다. 그 밖에 터키식 피자인 피
데Pide, 피망이나 가지의 속을 파내고 잘게 썬 고기나 야채로 채우거

나 양배추 잎에 싸거나 홍합 껍데기 속에 볶은 밥을 넣은 요리 돌마스^{Dolması}, 양의 대장으로 만든 우리나라의 곱창과 비슷한 요리 코코레츠^{Kokoreçr}, 터키식 수프 요리 초르바^{Çorba}, 새우를 넣어서 만든 볶음밥 요리 필라우^{Pilav}, 요구르트에 물을 섞어 희석한 터키식 요구르트 아이란^{Ayran}, 디저트로 푸딩의 일종인 아슈레^{Aşure}, 그리고 터키식 차이^{Çay(홍차)}를 들 수 있다.

터키 술로 유명한 것이 포도의 씨로 만든 알코올 도수 45도의 라크^{Rakı}다. 소다수나 물을 넣으면 희게 되는 특징이 있어 「라이온 밀크」라는 별명이 붙어있다.

이처럼 터키는 역사가 오랠 뿐만 아니라 다양한 문화·종교유산에 고유의 식문화가 있는 매력이 넘치는 나라다.

잘게 다진 고기 반죽을
기둥에 끼워돌려가며 굽는
되네르(회전 구이)

신과 인간을 묶는 계약

종교적으로 계율, 사회적으로 규범, 국가적으로 법률

터키는 이슬람 국가다. 국민의 98%가 이슬람교를 믿는다. 그런데도 이슬람교가 국교가 아니다. 터키는 이슬람 국가들 중에서 유일하게 정치와 종교가 완전히 분리된 세속주의국가世俗主義國家이기 때문이다. 더욱이 터키의 이슬람교는 기독교처럼 계율이 엄하지 않다. 다른 이슬람 국가에서 엄격히 지키도록 의무화 돼 있는 꾸란의 계율이 터키에서는 지키면 좋지만, 지키지 않아도 그만인 전통 관습처럼 돼 있다.

대표적인 예가 터키에서도 모스크의 첨탑에서 새벽부터 하루 다섯 번 예배시간을 알리는 외침소리 아잔이 울린다. 그렇지만 예배하는 터키인이 별로 없다. 대부분이 금요일에 한 번 모스크에서 집단예배를 하는 정도다. 터키에서는 공식적으로 이슬람식 전통 옷을 입지 못하게 돼 있다. 거리에서 전통 의상 부르카, 니캅, 히잡, 차도

전통 복장의 터키 여인들

르[17]로 얼굴이나 몸을 가린 여성을 보기가 어렵다. 터키에서는 이
슬람교에서 금하는 술도 마실 수 있고 이스탄불에는 거리의 여인도
있다. 모슬렘이면서 이슬람교의 중요한 종교의식인 라마단 때 단식
을 하지 않는 터키인도 있다.

그렇다고 터키인들이 이슬람교에 무관심한 것은 아니다. 터키 사
회의 바닥이나 터키인들의 생활바탕에는 이슬람교가 깊이 자리 잡

---

17) 부르카burka는 전신을 가리고 눈 부분은 망사로 가린 옷, 니캅niqab은 전신을
가리고 눈만 가리지 않은 옷, 히잡hijab은 얼굴은 내놓고 상체만 가린 옷, 차도르
chador는 머리부터 발끝까지 몸 전체를 가린 헐렁한 외투를 말한다.

고 있다. 터키는 종교가 자유지만, 이슬람교만은 국가가 관장한다. 전국에 있는 약 7만 개의 모스크는 모두 국비로 세웠으며 국가가 관리하고 있다.

다른 이슬람 국가처럼 터키도 예배·단식·순례의 종교행사와 기독교의 크리스마스나 불교의 초파일처럼 이슬람교의 축제인 셰케르 바이람Seker Bayram(사탕제)과 쿠르반 바이람Kurban Bayram(희생제)을 지낸다. 사탕제는 라마단이 끝난 것을 축하하여 사흘 동안 단것을 먹는 명절이다. 희생제는 사탕제가 끝나고 70일 후(이슬람력 제12월 10일)에 갖는 이슬람 최대의 명절이다.[18] 이때 옛 방식대로 도살한 양이나 소를 신에게 바치고 고기를 이웃에게 나누어 준다. 메카의 성지순례도 이때 간다.

이슬람교는 우상숭배를 금하고 있다. 그런데도 터키인은 이슬람교를 신앙하면서 유목민의 샤머니즘에서 유래된 것으로 보이는 미신도 믿는다. 대표적인 예가 「악마의 눈」이라고 불리는 터키식 부적 나자르 본주우Nazar Boncuğu 이다. 파란색 바탕에 눈 하나를 그려 넣은 유리장식이다. 터키인들은 이것이 악마의 저주를 몰아내는 구슬이라고 믿고 있으며 집 대문, 상점 입구, 사무실 벽, 자동차 등 걸고 싶은 곳은 어디나 걸어둔다. 열쇠나 휴대전화기 고리로도 사용한다.

나사르 본주우

---

18) 희생제는 성자 아브라함이 아들 이삭을 신에게 제물로 바치려 했던 희생을 기념하기 위한 축제.

다신교와 일신교

다신교는 태양신이나 동물 신 같은 자연신을 신앙하는 종교로 신이 많다. 일신교는 천지 창조주인 인격신만을 유일하게 신앙하는 종교다.

유대교, 기독교, 이슬람교는 일신교로 세 종교가 같은 신을 신앙한다. 이 유일신은 「스스로 있는 자 I am who I am」로서 전지전능하다. 신God을 유대교는 히브리어로 야훼Yahweh, 기독교는 히브리어로 아도나이Adonay, 이슬람교는 아랍어로 알라Allah라고 부른다. 이것은 신의 이름이 아니고 신 자체를 가리킨다. 예컨대 아랍어에 신을 가리키는 단어가 99개나 되는 데 그 중 하나가 알라다.

이 유일신은 인간에게 사랑을 주는 매우 자비로운 신이다. 그렇지만, 인간에게 올바른 삶을 요구하고 불의와 부정은 용서하지 않는 도덕적으로 매우 엄격한 신이다.

유대교Judaism는 기원전 24세기, 기독교Christianity는 서기 1세기, 이슬람교Islam는 서기 7세기에 창시됐다. 이슬람교가 창시되고 약 1,400년이 된 지금, 전 세계에 이슬람 국가가 53개국이나 되며 신도가 약 13억 명에 이른다. 신도가 약 21억 명인 기독교 다음이다.

영어로 종교를 릴리전Religion이라 한다. 라틴어 릴리지오Religio에서 유래된 말로 '다시 묶다'는 뜻이다. 이 어원으로 알 수 있듯이 종교란 신과 인간을 묶는 계약(약속)이다. 신은 인간을 구제해줄 것을 약속하고 인간은 신을 믿고 신의 가르침을 따를 것을 약속하는 계약이다.

　유대교에는 모세를 통해 유일신과 인간이 맺은 계약 〈십계〉가 있
다. 이것을 기독교에서는 오래된 계약이라 해서 《구약》이라 부른다.
기독교에는 구약 이외에 구세주 예수를 통해 유일신과 인간이 새로
맺은 계약 《신약》이 있다. 이슬람교에는 최후의 예언자 무함마드를
통해 유일신과 인간이 맺은 계약 《꾸란》이 있다.

　구약도, 신약도, 꾸란도 같은 유일신과의 계약이다. 그러기 때문
에 구약성서의 천지창조, 아담과 이브의 낙원 추방, 노아의 홍수, 이
집트 탈출, 시나이 산에서 신이 모세에게 내린 십계 등을 세 종교
가 모두 진실로 인정한다.

기독교와 이슬람교

같은 유일신을 신앙하기 때문에 기독교와 이슬람교는 비슷한 점이 많다. 다만 두 종교의 근본적 차이는 규범이 있느냐 없느냐에 있다. 규범이란 '이것을 해라, 저것은 하지 말라' 라는 명령이다. 이 규범을 이슬람교에서는 계율戒律이라 한다.

이슬람교에는 매우 엄한 규범(계율)이 있다. 기독교에는 이슬람교처럼 엄한 규범이 없다. 기독교는 믿음의 종교며 이슬람교는 믿음과 규범의 종교라 할 수 있다. 기독교는 신앙을 중요시하지만, 이슬람교는 신앙뿐만 아니라 규범도 중요시한다. 이슬람교에서는 믿는 것 외에 꾸란에 명시된 규범을 지키고 실천하지 않으면 구원을 받지 못한다. 이것이 이슬람교에서 「육신오행六信五行」이라고 일컫는 여

신비로움이 감도는 모스크

섯 가지 믿음과 다섯 가지 의무다. 꾸란에 '믿기만 하고 이를 실천하지 않는 자는 모슬렘이 아니다'라고 규정하고 있다.

또한, 기독교는 예수를 신의 아들인 메시아(구세주)로 인정하고 신앙한다. 그런데 이슬람교는 예수를 모세나 무함마드와 같은 예언자로 본다. 따라서 이슬람교에서는 예수의 신성이나 부활을 인정하지 않는다.

그리스도란 '구세주'를 뜻하는 히브리어의 '메시아messah'를 그리스어로 표현한 것으로 '살아있는 신의 아들'을 가리킨다. 기독교에서는 구세주인 예수를 신앙하고 그의 가르침을 따르면 구제를 받는다.

이슬람이란 아랍어로 '복종하다'는 뜻의 '싸리마Salema'에서 유래된 말로 '신에게 귀의·복종한다'는 뜻이다. 귀의歸依·복종服從은 '믿고 따르다'라는 뜻으로 유일신을 믿고 그의 가르침에 따라 생활하는 것을 말한다. 모슬렘(이슬람교도)이 된다는 것은 종교생활뿐만 아니라 일상생활도 꾸란에 있는 신의 가르침을 믿고 올바르게 실천하는 것이다. 이슬람교에서 신과의 계약은 종교적으로 계율이며 사회적으로 규범이며 국가적으로는 법률이다. 모슬렘이 이슬람법을 지키는 것은 바로 신을 믿는 것이 된다.

예언자 무함마드 그리고 꾸란

꾸란Quran이란 '읽지 않으면 안 된다'는 뜻의 아랍어다. 유일신이 예언자 무함마드를 통해 인류에 내린 계시를 아랍어로 기록하여 남긴 이슬람교의 계전啓典(신의 계시를 기록한 성전)이다.

이슬람교의 4대 성전은 구약성서의 모세의 오서五書(타우라), 다윗의

이슬람교의 성전
꾸란

시편詩篇(자부르), 신약성서의 복음서福音書(인질), 그리고 꾸란이다. 다만 이슬람교에서는 꾸란을 가장 중요하게 여긴다. 꾸란에 구약성서는 '완전무결'하고 신약성서는 '진리를 비치는 빛'이므로 모슬렘들에게 읽도록 권하고 있다. 다만 현재는 이슬람교에서 신약을 금서禁書로 하고 있다. 114장 6,240 구절로 구성된 꾸란에는 신이 무함마드를 통해 인간에게 전한 계시가 담겨있다. 그것에는 종교뿐만 아니라 경제, 정치, 법률, 일반생활에 이르기까지 모슬렘이 지켜야 할 믿음과 규범(의무)이 담겨있다.

이슬람교에서의 육신(이만)은 모슬렘이 믿어야 할 신(알라), 천사(말라크), 성전(키타브), 예언자(나비), 내세(아히라), 천명(카다르)의 여섯 가지 믿음을 말한다. 오행(이바다트)은 유일신과 예언자 무함마드를 믿는다는 신앙 고백[19], 하루 다섯 번의 예배, 일정 금액의 희사, 라마단의 단식, 성지순례의 다섯 가지 의무를 말한다.

이슬람교에는 꾸란의 다섯 가지 의례에 관한 규범인 이바다트 ibadat 외에 혼인·장례·상속·계약·재판·형벌·성전聖戰 등 일상생활에서 모슬렘이 지켜야할 의무를 규정한 무아말라트(사회생활에 관한 규범)가 있다. 대표적인 예가 여성은 타인에게 몸을 보이면 안 된다는 꾸란의 가르침에 따라 무아말라트에 모슬렘 여성들은 얼굴과 몸을 가리도록 규정하고 있다.

무함마드Muhammad(영어로 마호메트Mahomet 570~632)는 아라비아 반도 중부의 상업도시 메카에서 유복자로 태어났다. 커서 상인이 된 그는 시리아에서 장사를 했고, 25살 때 15세 연상의 부유한 미망인 하디자Khadija와 결혼하여 2남 4녀를 뒀다.

610년 46세 때 메카 교외 히라 산의 동굴에서 대천사 지브릴(가브리엘)을 통해 유일신 알라의 계시를 받은 그는 613년에 이슬람교를 창시하고 포교를 시작했다. 622년 다신교도의 심한 박해를 피해 그는 메디나로 옮겨갔다. 이것을 이슬람교에서는 히즈라(성천聖遷)라고

---

19) 아랍어로 라 일라하 일라 알라후 무함마드 라술알라 La ilaha illa allah Moham-med Rasul Allah(알라 이외에는 신은 없다. 무함마드는 알라의 사도다)라고 신앙 고백하는 것을 말함.

메카의 히라 산 동굴에
대천사 지브릴이 무함마드에게
신의 계시를 전하고 있는
장면을 담은 세밀화

부르며 이해를 히즈라 력^(이슬람 력) 20)의 기원으로 삼고 있다. 메디나로
간 그는 정치와 종교가 일치하는 이슬람 공동체 움마^{Ummah 21)}를 만
들어 이를 통해 이슬람교를 널리 전파했다. 그리고 메카를 점령하
여 성지로 선포하고 아라비아를 통일했다. 632년에 사망한 그의 무
덤은 메디나에 있다.

---

20) 이슬람력을 히즈라력이라 하며 태음력이다. 하루는 일몰에서 일몰까지, 일주일은
      금요일부터 7일, 1개월은 29일~30일, 1년은 12개월 354일로서 태양력보다 11일 짧다.
21) 이슬람교의 신앙공동체. 지금은 아랍어에서 민족, 국가를 가리킨다.

이슬람교의 사원 모스크

터키어로 자미^{Camii}라고 하는 이슬람교의 사원 모스크^{Mosque}는 모슬렘이 신에게 기도하는 장소다. 얼핏 비슷한 것 같지만 「신의 집」인 기독교의 교회와는 다르다. 모스크는 '무릎 꿇고 절하는 곳'이란 뜻의 아랍어 마스지드^{Masjid}에서 온 말이다. 금요일에 집단예배를 하는 모스크를 마스지드 알 모스크^{Masjid al Mosque}라고 한다.

예배 방향(키블라)을 가리키는
아치형의 벽감(미흐랍)

모스크는 예배당과 안뜰(사흔Sahn)과 첨탑(미나레Minare)으로 구성되어 있다. 예배당에는 돔 아래 넓은 홀이 있다. 돔(꿉바Qubba)은 '평화', 돔 꼭대기의 초승달과 샛별은 '진리'를 상징한다. 홀에는 벽에 예배 방향(키블라Qibla)을 가리키는 아치형의 벽감(미흐랍Mihrap), 그 오른쪽에 합동예배 전에 설교자(까팁Khatib)가 올라가 설교하는 계단식 설교대(민베르Minber)가 있다. 이슬람교에서는 우상숭배를 신에 대한 모독으로 생각하기 때문에 예배당 안에 성화나 신상이 없다. 대신 아랍무늬인 아라베스크[22] 타일과 꾸란에서 따온 아랍어 구절을 서체화한 캘리그래피로 꾸며져 있다. 안뜰에 모슬렘이 예배 전에 손발을 씻는 우물(사드르반Sadrvan)[23]과 기도시간을 알리는 아잔(에잔Ezan)[24]이 울리는 첨탑이 있다.

이슬람교의 5대 모스크는 사우디아라비아 메카의 성 모스크「카바 신전Kaaba」, 예루살렘의「알아크사 모스크Al Aqsa Mosque」, 터키 이스탄불의「블루 모스크Blue Mosque」, 이란 이스파한의「이맘 모스크 Imam Mosque」, 파키스탄 라호르의「바드샤히 모스크 Badshahi Mosque」가 꼽힌다.

---

22) 아랍풍이라는 뜻의 아라베스크arabesque는 아랍인들이 창안한 장식무늬로 식물의 줄기, 잎, 꽃, 열매 등을 도안화하여 아름다운 곡선으로 연결하고 있는 것이 특징이다.

23) 모슬렘은 예배하기 전에 물로 손, 입과 코, 얼굴, 팔(팔꿈치까지), 머리와 귀, 발(복사뼈까지) 최소 3번을 씻는다.

24) 이슬람교에서 첨탑에서 예배를 알리며 외치는 아잔의 내용은 '알라는 위대하다'(4회). '알라 외에는 신이 없다'(2회), '무함마드는 알라의 사도다'(2회), '와서 기도 하라 그리고 구제 받아라'(2회), '알라 외에는 신은 없다'(1회)이다.

신과 인간을 묶는 계약 055

Istanbul

영원의 도시 이스탄불

오스만 시대의 목조 가옥들

2천 5백 년
고도

동양이면서 서양 같은 유라시아의 도시

05

영원의 도시 이스탄불^Istanbul − 그곳에서 태어나 자라고 지금 도 그곳에 사는 터키의 노벨문학상 작가 오르한 파묵^Orhan Pamuk(1952~)[1]은 '나는 이스탄불이라는 이름을 들을 때 언제나 신비로움을 느낀다'고 했다.

그의 말처럼 이스탄불은 동서東西·고금古今·성속聖俗 − 동양과 서양, 과거와 현재, 거룩과 세속이 시공을 초월하여 아우러져 있는 신비로움이 가득하고 불가사의한 매력이 넘치는 도시다.

이스탄불이 역사에 등장한 것은 기원전 7세기였다. 고대 그리스의 식민도시국가로 약 구백 년, 4세기부터 고대 로마와 비잔틴 제국의 수도로 약 천 년, 15세기부터 오스만 제국의 수도로 약 오백 년,

---

1) 오르한 파묵Orhan Pamuk, 2006년 노벨 문학상 수상, 대표적 작품에 《고요한 집》, 《하얀 성》, 《새로운 인생》이 있음. 2012년 순수 박물관 설립.

20세기 초부터 지금까지 신생 터키 공화국의 최대 도시로 약 백 년-이렇게 이스탄불은 이천 오백 년의 유구한 역사를 가진 고도古都다.

역사가 오랠 뿐만 아니라 이스탄불은 천 오백여 년 동안 고대 로마·비잔틴·오스만 세 제국의 수도로서, 그리고 기독교와 이슬람교 세계의 중심으로서 영화를 누린 영광의 도시다. 이름도 비잔티움 – 노바 로마(새 로마) – 콘스탄티노플 – 이스탄불로 바뀌었다. 중요 역사·문명·종교 유적과 유물이 모여 있어 이스탄불은 도시 전체가 세계문화유산이다. 도시면적이 5,712㎢에 인구가 1,278만 명(2111년 기준)의 이스탄불은 파리나 로마나 런던처럼 유럽에서도 크고 인구가 많은 도시 중 하나로 유럽 분위기가 넘치는 현대 도시이기도 하다.

아시아와 유럽의 두 대륙에 걸쳐있어 해가 아시아에서 뜨고 유럽으로 지는 세계 유일의 도시다. 동양이면서 동양이 아니고 서양이 아니면서 서양 같은 유라시아 도시, 이것이 이스탄불이다.

피에르 로티 언덕에서 본 이스탄불

성벽이 에워싼 7개의 성곽도시

흑해와 마르마라 해를 잇는 보아지치 해협Boğaziçi Köprüsü(영어로 보스포루스 해협Bosporus str.)이 도심을 남북으로 관통하면서 이스탄불을 아시아 쪽의 동 이스탄불과 유럽 쪽의 서 이스탄불로 가른다. 그리고 동서로 가로놓여 있는 천연만 할리치Haliç(영어로 골든 혼 Golden Horn)가 서 이스탄불을 다시 남쪽의 올드 이스탄불과 북쪽의 뉴 이스탄불로 가른다.

올드 이스탄불은 중요한 역사적 유적과 다채로운 문화·종교유산이 모여 있는 이스탄불의 관광중심지다. 뉴 이스탄불은 유럽 분위기가 넘치는 현대 이스탄불의 중심지며 동이스탄불은 아늑한 주택지다.

이스탄불은 로마처럼 일곱 언덕 위에 서 있는 성곽도시다. 제1언덕은 이스탄불의 발상지인 고대 그리스의 도시국가 비잔티움이 건설된 사라이부르누(궁전 곶)로 지금의 술탄아흐메드 광장 일대다.

제1언덕에서 올드 이스탄불의 서쪽 끝의 테오도시우스 성벽까지 다섯 언덕(제2언덕~제6언덕)이 차례로 자리하고 있다. 제2언덕은 그랜드 바자르와 누루오스마니예 자미 일대, 제3언덕은 쉴레이마니예 자미와 베야즈트 광장 일대, 제4언덕은 파티흐 자미 일대, 제5언덕은 술탄 셀리미예 자미 일대, 제6언덕은 테오도시우스 성벽의 에디르네 성문 일대다. 그리고 제7언덕은 제4언덕 근처의 콘스탄티누스 황제 성벽에서 남으로 마르마라 해까지 길게 뻗어있다. 이스탄불은 이 일곱 언덕을 할리치 성벽, 마르마라 해 성벽, 테오도시우스 성벽이 에워싸고 있는 성곽도시다.

일곱 언덕의 사이사이에 비잔틴·오스만 시대의 돌 비탈길이 깔려있고 군데군데 돌계단이 있다. 옛 숨결이 남아 있는 골목 안에 옛 모습을 간직한 터키 특유의 오렌지색 지붕의 목조 가옥들이 들어앉아 있다. 일부는 작은 차이하네(찻집)나 토산품가게로 쓰고 있다. 골목을 다니다 보면 은쟁반에 차이를 얹어 들고 다니며 파는 소년도 만난다. 옛 모습 그대로의 정겨운 광경이다. 비잔틴 시대에는 언덕 사이에 수도교가 있었으나 지금은 제3~제4언덕 사이에 발렌스 수도교만 남아있다.

바닷물이 강물처럼 흐르는 항구

이스탄불은 아름다운 푸른 바다를 품은 세계적인 미항美港이다. 도심에 보아지치 해협과 할리치의 바닷물이 강물처럼 흐르고 있어 자연미가 넘친다.

　길이 32㎞에 평균 시속 3㎞로 바닷물이 흐르는 보아지치 해협은 예로부터 흑해와 마르마라 해를 잇는 전략적으로 매우 중요한 해협

보아지치 해협과
제1대교

으로 열강들의 다툼이 끊이지 않았다. 현재 상선은 자유로이 다니나 군함은 통행이 제한되고 있다.

보아지치는 그리스 신화에서 유래된 이름이다. 최고신 제우스가 아내 헤라의 무녀 이오와 사랑을 나눈 뒤 암소로 둔갑시켰다. 이를 눈치 챈 헤라의 괴롭힘에 견디다 못한 이오는 헤엄쳐 바다를 건너 도망갔다. 그 바다가 '암소(Bos)가 지나간 길(Porus)'을 뜻하는 보아지치라고 전한다.

보아지치 해협의 에미노뉴 선착장에서 흑해 입구까지 크루즈가 다닌다. 이스탄불 여행에서 꼭 타 보아야 할 관광코스다. 해협의 연안에 돌마바흐체 궁전, 오르타쿄이 자미, 루멜리 히사르, 아나돌루 히사르, 처녀 탑을 비롯하여 이궁, 모스크, 별장(야르), 목조 가옥이 즐비해 있어 외국관광객에게 인기가 높다. 크루즈에서 파는 사탕가루를 토핑해주는 요구르트도 먹어봄 직하다.

할리치에 걸려 있는
칼라타 다리

'암소'가 지나간 길 - 보아지치 대교

보아지치 해협에 샌프란시스코의 금문교를 연상케 하는 두 개의 거대한 다리가 걸려있어 유럽과 아시아를 이어준다. 1973년에 터키 공화국 건국 50주년을 기념하여 건설한 제1 보아지치 대교와 1988년에 건설한 제2 보아지치 대교다.

할리치는 길이 7㎞, 폭 800m의 아름다운 천연만이다. 15세기 콘스탄티노플이 함락될 때 시민이 오스만군에게 약탈당하는 것이 싫어 금은보화를 바다에 던져버렸다. 이것이 해질 무렵에 황혼에 반사되어 바닷물이 황금빛으로 물든 것을 보고 「골든 혼」이라 부르게 됐다는 일화가 남아있다.

할리치에는 갈라타, 아타튀르크, 파티흐의 세 다리가 놓여있어 올드 이스탄불과 뉴 이스탄불을 이어준다. 1845년에 개통된 갈라타 다리Galata Köprüsü는 이스탄불의 관광명소다.

갈라타 다리 위에서
낚시를 즐기는 터키인들

원래 목조 다리였으나 1992년에 콘크리트 다리로 재건됐다. 길이 490m, 폭 26m에 2층 구조로 된 이 다리는 위층은 사람과 자동차, 전차가 다니고 아래층은 레스토랑이 있다. 다리 위에 바다낚시를 즐기는 터키인들로 붐빈다. 함시hamsi라고 불리는 조금 큰 멸치가 잡힌다. 다리의 동쪽 입구 바다에 떠있는 멋들어지게 치장한 배에서 이스탄불의 명물 고등어 케밥(발륵 에크멕 Balık Ekmek)을 팔고 있다. 밤에는 레스토랑에서 해산물 요리나 맥주를 즐기며 아름다운 이스탄불의 야경을 감상할 수 있다.

갈라타 다리 입구의
고등어 케밥을 팔고 있는 배

모래사장이 없는 해안

20세기 중엽까지만 해도 이스탄불을 가려면 파리에서 출발하는 호화열차 오리엔트 특급Orient Express 2)을 이용했다. 동양의 신비와 서양의 꿈을 싣고 다닌 이 특급열차는 파리에서 이스탄불까지 60시간 걸렸다. 지금은 지구촌 곳곳에서 그리고 서울에서도 이스탄불로 직행하는 항공편이 있어 편리하다. 다만 기차여행 같은 낭만이 없다.

인천 국제공항을 떠난 여객기는 고비사막, 알타이 산맥, 실크로드의 텐산남로, 카스피 해를 지나 11시간 남짓 비행 끝에 흑해를 동서로 가로질러 이스탄불에 도착한다.

이스탄불의 아타튀르크 국제공항Atatürk Havalimanı은 세계적인 관광지에 걸맞게 크고 시설도 손색이 없다. 도심까지 동북으로 24㎞, 하바스Havas(공항셔틀버스)나 메트로Metro(지하철)를 이용하면 쉽게 갈 수 있다.

---

2) 1883~1977년까지 94년 동안 운행했던 유럽-아시아 대륙횡단 특급열차로 원래 파리에서 이스탄불까지 운행했으나 지금은 빈까지만 운행하고 있다.

공항을 떠나 차로 도심을 향하면 도로와 나란히 오른쪽에 마르마라 해가 있고 그 건너 아시아 대륙이 보인다. 해안에 모래사장이 없고 한강의 둔치처럼 해변을 따라 공원이 조성되어있어 주말에는 시민의 휴식처로 무척 붐빈다. 도로 왼쪽에 비잔틴 시대의 성벽이 군데군데 눈에 띈다. 그 곁에 오리엔트 특급열차가 달렸던 철로가 놓여있다. 도심에 가까워질수록 차가 붐비고 도시 속을 흐르는 바다에 크고 작은 배들이 오가는 것이 홍콩 같다.

볼거리와 즐길거리

이스탄불은 역사가 오랜 만큼 볼거리나 즐길 거리도 많다. 꼭 보아야 할 관광명소로는 이스탄불의 상징인 아야 소피아 대성당, 오스만의 영광이 깃든 블루 모스크, 오스만 제국의 심장 톱카프 궁전, 터키 근대화의 상징 돌마바흐체 궁전, 비잔틴 시대의 지하 궁전 예레바탄 사라이와 전차경기장 히포드롬, 아라비안나이트 시대를 연상케 하는 재래시장 그랜드 바자르, 천오백 년 된 테오도시우스 성벽, 이스탄불 시민의 휴식처 피에르 로티 언덕, 이스탄불 고고학 박물관, 군사 박물관, 모자이크 성화로 유명한 카리예 박물관이 있다.

즐길 거리로는 보아지치 해협의 크루즈, 전통음식 케밥, 그랜드 바자르에서의 쇼핑, 낮과 전혀 다른 분위기의 이스탄불의 나이트라이프, 매혹적인 배꼽춤 벨리댄스 등이 있다.

시간 여유가 있으면 예스러운 분위기가 깃든 올드 이스탄불의 뒷골목이나 갈라타 다리를 건너 유럽분위기가 넘치는 뉴 이스탄불의 이스티크랄 거리를 느긋이 산책하는 것도 좋다.

이스탄불의 거리 곳곳에 있는
차이하네(홍차 집)

  이스탄불의 거리를 거닐어 보면 1960년대 말에 우리나라에서도 상영된 영화《이스탄불 That Man in Istanbul(1965년)》과 그 삽입곡 〈추억의 이스탄불(사랑)〉이 새삼 떠오른다.

  '아름다운 젊은 날의 꿈이여 / 사랑하는 그대와 단둘이서 거닐었던 그리운 이스탄불 – 추억도 새로워라'

  몇 번을 가도 또 가고 싶은 곳이 신비롭고 불가사의한 매혹의 고도 이스탄불이다. 이스탄불 여행은 튤립 축제가 열리는 4~5월이나 단풍이 곱게 물든 10~11월이 가장 좋다.

술탄 쉴레이만 시대의 이스탄불 그림 - 이스탄불 대학 도서관 소장

콘스탄티노플과 이스탄불

06

중세가 막을 내리고 근대가 시작됐다

이스탄불의 기원전설에 따르면 기원전 660년 델포이^{Delphoi 3)}의 아폴론 신전에서 신탁을 받은 고대 그리스의 메가라^{Megara 4)}의 왕 비자스^{Byzas}가 아나돌루 서부의 보아지치, 할리치, 마르마라의 세 바다가 만나는 언덕에 도시국가를 세웠다. 그리고 자신의 이름을 따서 비잔티온^{Byzantion}이라고 했다. 이렇게 시작된 그리스의 도시국가는 기원 73년에 고대 로마 제국의 영토가 됐다.

술탄 메흐메드 2세

330년 고대 로마의 황제 콘스탄티누스 1세^{Constantius I(280~337)}는 수도를 로마에서 이곳으로 옮겨와 노바 로마^{Nova Roma(새 로마)}라고 했다. 작은 도시국가에 지나지 않았던 비잔티온^(로마어 비잔티움Byzantium)이 세계의 중심이 돼 역사의 전면에 등장했다.

---

3)　아테네에서 북서로 약 200km, 그리스 남부에 자리한 델피 신전이 있는 신탁의 도시로 세계문화유산으로 지정돼 있음. 지금의 이름은 델피Delphi이다.
4)　그리스 남부 해안에 자리한 고대 그리스의 도시국가로 학문과 예술의 중심지였다.

콘스탄티노플의
성벽을 공격하고 있는
오스만 군

　　395년 고대 로마 제국이 동서로 분리되고 476년에 서로마 제국
은 멸망했다. 그러나 콘스탄티노플을 중심으로 한 동로마 제국^{(비}
잔틴 제국)은 그 뒤 천 년을 더 존속했다. 그러다 1453년에 오스만 제
국에 의해 콘스탄티노플이 함락되면서 비잔틴 제국도 멸망했다.
《로마인 이야기》로 유명한 시오노 나나미塩野七生의 《콘스탄티노플
함락》에 그 과정이 상세히 나와 있다.

콘스탄티노플의 함락

콘스탄티노플의 함락과정을 보면 이러하다. 1393년 오스만 제국의 제4대 술탄 바예지드 1세^{Bayezid I(1360~1402)}는 보아지치 해협의 폭이 가장 좁은 해안의 아시아 쪽 연안에 아나돌루 히사르^(요새)를 세웠다. 뒤이어 1452년에 제7대 술탄 메흐메드 2세^{Mehmed II(1432~1481)}가 그 건너 유럽 쪽에 루멜리 히사르를 세워 보아지치 해협의 제해권을 완전히 장악했다.

비밀병기 「그리스의 불」로
오스만군을 공격하고 있는
비잔틴 군

오스만 제국은 1453년 4월 2일 부활절에 콘스탄티노플을 포위하고 총공격을 했다. 이때 오스만군은 12만 명이 넘었으나 비잔틴군은 2만 명밖에 안 됐다.

콘스탄티노플은 3중의 성벽으로 둘러싸여 있었고 할리치의 입구는 오스만 배가 진입하지 못하게 큰 쇠사슬로 봉쇄돼있었다. 오스만군은 헝가리 출신 기술자가 만든 거대한 대포와 성벽공격에 필요한 「움직이는 사다리」로 공격했다. 길이 8m, 지름 75cm의 거대한 대포는 554kg의 돌 탄환을 1.6km 날릴 수 있었다. 비잔틴군은 지금의 화염방사기 비슷한 비밀병기 「그리스의 불」, 일명 「불타는 물」로 대항했다.

언덕을 넘은 오스만 배

육상공격으로 성벽을 무너뜨리지 못하자 오스만군은 해상공격을 시작했다. 봉쇄되어있는 할리치 입구를 피해 72척의 배를 보아지 치 해협에서 언덕을 넘어 바로 할리치로 진입시켰다. 언덕에 기름 칠한 통나무를 깔고 수백 명의 병사와 소가 배를 끌고 밀어 언덕 을 넘었다.

배를 육상으로 옮겨 할리치에 진입시킨 기상천외의 작전을 세운 것은 메흐메드 2세였다. 갑자기 나타난 적의 배를 보고 놀라 전의 를 잃은 것은 비잔틴군이었다.

5월 28일 밤 오스만군의 총공격이 다시 시작됐다. 마지막이 임 박했다는 것을 안 콘스탄티노플의 시민은 아야 소피아 대성당에 모 여 기도하고 찬송가를 부르며 신의 기적이 있기를 바랐다. 끝내 기 적은 일어나지 않았다. 29일 동이 틀 무렵에 난공불락의 테오도시우스 성벽을 뚫고 진입해온 오스만군이 성벽에 오스만 기를 꽂았다. 비잔틴 제국의 마지막 황제 콘스탄티누스 11세$^{Constantinus\ XI(1405~1453)}$는 적진에 뛰어들어 콘스탄티노플과 운명을 같이 했다. 이렇게 콘스탄티노플은 함락됐고 기적의 천 년 제국 비잔틴은 멸망했다.

콘스탄티노플의 함락은 인류사상 중대한 사건이었다. 단순히 한 도시의 함락으로 끝난 것이 아니었다. 천 년 넘어 지속해온 비잔틴 제국이 멸망했고 기독교의 수도가 이슬람교의 수도로 바뀌었다. 중세中世가 막을 내리고 근대가 시작됐다.

아드리아노플 성문을 통해
콘스탄티노플에 첫발을 들여놓은
정복자 메흐메드 2세

이스탄불의 탄생

아드리아노플 성문(지금의 에디르네 문)을 통해 콘스탄티노플에 첫발을 들여놓은 정복자 메흐메드 2세가 처음 본 것은 피를 흘리며 죽어가는 병사들이었다. 이때 그들이 흘린 유혈 속에 비친 삼일월(三日月, 초승달)과 별을 본 그는 오스만 제국을 위해 희생된 병사들을 영원히 기리기 위해 빨간 바탕에 삼일월과 별이 담긴 터키 국기 아이 일디즈$^{ay\ yildiz}$를 발상했다.

정복자 메흐메드 2세는 수도를 아드리아노플(지금의 에디르네)에서 콘스탄티노플로 옮겨왔다. 그리고 수도의 이름을 오스만어로 '이슬람의 땅'을 뜻하는 이스탄불로 바꾸었다. 이렇게 이슬람 세계에서 메카, 메디나, 예루살렘 다음으로 중요한 이슬람교 도시 이스탄불이 탄생했다.

OLD **ISTANBUL**

올드 이스탄불

아야 소피아 대성당

이스탄불의 상징
아야 소피아

07

이스탄불 역사의 흐름 그 자체인 대성당

이스탄불의 관광은 보아지치, 할리치, 마르마라의 세 바다가 만나는 제1언덕의 술탄아흐메드 광장Sultanahmed Meydanı에서 시작한다. 그 일대가 유네스코가 세계문화유산으로 지정한 이스탄불의 역사지구Historic Areas of Istanbul다.

광장에 아야 소피아 대성당과 술탄 아흐메드 자미가 마주 보고 웅장하게 서 있고 그 곁에 톱카프 궁전이 있다. 광장 주변에 궁전 벽을 끼고 귈하네 공원(장미 정원), 광장 서쪽에 비잔틴 시대의 마차경기장 히포드롬과 지하궁전 예레바탄 사라이, 그리고 이스탄불 국립 고고학 박물관, 고대 오리엔트 박물관, 장식 타일 박물관, 모자이크 박물관, 이슬람 미술 박물관이 있다.

광장 모퉁이에 탑처럼 보이는 비산틴 시내의 싱벽 곁에 직은 돌 조각이 서 있다. 콘스탄티누스 1세가 세운 「밀리온 탑Million Tower」이다. 원래 4개의 돌 판을 세워 만든 탑이었으나 지금은 하나만 남아있다.

'모든 길은 로마로 통한다'고 했던 고대 로마처럼 콘스탄티노플도 이 탑을 기점으로 사방으로 도로가 뻗어 있어 '모든 길이 콘스탄티노플로 통한다'고 했다.

이 광장의 명물은 전통 터키 옷을 입고 탱크를 어깨에 메고 물을 파는 거리의 물장사다. 몇 백 년 동안 이곳에서 볼 수 있는 모습이다. 지금은 물 대신 체리주스를 판다.

비잔틴의 꽃 – 아야 소피아 대성당

에펠탑, 성 베드로 대성당, 자유의 여신상이 각각 파리, 로마, 뉴욕의 상징인 것처럼 이스탄불의 상징은 아야 소피아 대성당Ayasofya Müzesi이다. 보아지치와 할리치의 두 바다를 배경으로 술탄아흐메드

아야 소피아 대성당

광장에 오랜 역사를 나타내듯 약간 바랜 주홍색 외벽의 대성당이
장엄하게 서 있다. 아야 소피아는 터키어로 '성스러운 지혜'라는 뜻
으로 예수를 가리킨다.

　원래는 4세기 후반에 로마 황제 콘스탄티누스 1세가 지은 작은
성당이었다. 522년에 있었던 「니카의 반란」[1]으로 성당이 불타버리
자, 532년에 황제 유스티니아누스 1세^{Justinianus I(483~565)}가 5년 10개월
걸려 재건한 것이 지금의 대성당이다. 헌당식에 참석한 그는 솔로몬
왕의 예루살렘 신전보다 더 큰 성당을 지었다 해서 '솔로몬이여 – 내

밀리온 탑

---

1)　니카의 반란Nika insurrection : 532년 유스티니아누스 1세 때 비잔틴제국의 수도
　　콘스탄티노플에서 일어난 반란. 니카는 그리스어로 '승리'를 뜻한다.

가 이겼노라!'라고 외쳤다고 한다. 비잔틴 건축의 최고 걸작인 이 대성당은 당시 세계에서 가장 컸다. 지금은 여섯 번째지만, 돔은 아직도 세계에서 제일 크다.[2]

1453년 술탄 메흐메드 2세는 콘스탄티노플을 함락하고 3일 만에 대성당에 첨탑을 세워 모스크로 개조해 버렸다. 대성당을 장식했던 모자이크 성화는 석회를 덧발라 덮어 버렸다. 천 년 동안 동방 정교회의 총주교좌였던 대성당은 그 이후 500년 동안 이슬람교의 모스

---

2)   지금은 로마의 성 베드로대성당(St Peter's Basilica), 런던의 세인트 폴 대성당(St Pauls Cathedral), 독일의 퀼른 대성당(Cologne Cathedral), 남스페인의 세비야 대성당(Seville Cathedral), 밀라노의 두오모 대성당(Milan Duomo Cathedral) 다음으로 6번째로 큰 성당이다.

크가 됐다. 터키 공화국 시대에 들어와 박물관으로 바뀌었고 모자이크 성화들이 복원돼 다시 볼 수 있게 됐다.

비잔틴미술의 걸작들 - 모자이크 성화

이 대성당은 고대 로마의 바실리카 양식의 평면과 사라센 양식의 둥근 돔을 합친 비잔틴 건축양식으로 지었다. 그 규모가 동서로 77m, 남북으로 71m에 넓이가 7,570㎡나 되며 중앙에 지름 31m, 높이 56m의 거대한 돔이 있다.

터키 에페스의 아르테미스 신전, 그리스 델포이의 아폴론 신전, 이집트 카이로의 헬리오폴리스 신전 등에서 가져온 기둥이 돔과 2층을 받히고 있다. 벽은 14가지 색의 화려한 대리석으로 장식돼있

아야 소피아 대성당의
작은 돔에 장식된
〈아기 예수를 안고 있는 성모 마리아〉

다. 작은 돔에 〈아기 예수를 안은 성모 마리아〉의 모자이크 성화가 있고 돔의 네 모퉁이에 가브리엘 등 네 대천사, 기둥에 이슬람교의 캘리그래피(종교문서)가 장식돼 있다. 대성당의 네 개의 첨탑은 그 모양과 크기가 모두 다르다.

대성당 남쪽 입구 황제의 문 위에 예수에게 예배하는 황제를 그린 모자이크 성화 〈그리스도와 황제(9세기)〉, 남쪽 출구 위에 황제 콘스탄티누스와 유스티니아누스가 콘스탄티노플과 아야 소피아의 모형을 성모자에 바치는 성화 〈성모자와 황제들(10세기)〉, 2층 발코니 남쪽에 예수에게 성모 마리아와 세례 요한이 죄 많은 인간의 용서를 청원하는 비잔틴미술의 걸작 〈데이시스Deesis(청원도, 13세기)〉가 장식돼 있다. 데이시스는 그리스어로 '탄원하다'는 뜻이다.

그밖에 서쪽 양 모퉁이에 페르가몬 신전 유적의 대리석으로 만든 큰 항아리가 있다. 북서쪽에는 관광객이 순번을 기다리는「기적의 기둥」이 있는데 기둥의 작은 구멍에 손가락을 넣으면 소원이 이루어진다고 한다.

이 대성당은 이스탄불의 역사 그 자체다. 두 번의 화재, 십자군의 약탈, 오스만 제국의 점령과 모스크로 개조, 터키 공화국의 탄생과 박물관으로 변신 등 1,700년 가까이 그곳에서 역사의 흐름을 지켜보고 있다.

동방 정교회의 총주교좌

아야 소피아 대성당은 동방 정교회Eastern Orthodoxy의 총주교좌가 있었던 성당이다. 동방 정교회는 비잔틴 제국 기독교의 맥을 잇는 교회로 로마 가톨릭, 프로테스탄트와 함께 기독교의 3대 분파의 하나다. 동방 정교회의 '동방(Eastern)'은 죽음에서 부활한 예수를 상징하는 빛인 태양이 동방에서 떠오르는 것을 가리키고, '정Orthodox'은 올바른 가르침·믿음·예배를 가리킨다.

1054년 기독교 세계의 동서의 불화로 로마 가톨릭교회(서방교회)와 동방 정교회가 분열됐다. 동서 교회의 분열은 기독교 교리해석의 차

2층 발코니 남쪽에 있는 모자이크 성화 —비잔틴미술의 걸작 〈청원도〉

아야 소피아 대성당의 내부

이 때문이었지만, 콘스탄티노플 총주교가 로마 교황이 파견한 사절을 파문한 것이 분열의 직접적인 원인이 됐다. 현재 신도 수가 로마 가톨릭은 전 세계에 11억 5천만 명, 동방 정교회는 1억 7천만 명에 이른다.

서방교회인 가톨릭교회는 종교행사(미사) 때 라틴어를 사용하지만, 동방 정교회는 그리스어를 사용한다. 서방교회의 성탄절은 12월 25일이지만, 동방 정교회는 1월 7일이다.

동방 정교회는 이슬람교처럼 우상숭배를 금하기 때문에 교회 안에 입체적 성상聖像은 두지 못하고 모자이크나 프레스코 성화(이콘 Icon)로만 장식하고 있다.

기둥의 작은 구멍에
손가락을 넣으면
소원이 이루어진다는
기적의 기둥

술탄 아흐메드 광장에 서 있는 이스탄불에서 가장 아름다운 건축물 블루 모스크

술탄 아흐메드 자미 블루 모스크

08

내부의 벽, 기둥, 천장이 모두 푸른 타일로

오스만 건축예술의 꽃 아야 소피아 대성당의 맞은편에 오스만 제국의 영광이 깃든 술탄 아흐메드 자미^{Sultan Ahmed Camii}가 웅장한 모습으로 서 있다. 오스만 제국의 전성기인 1616년에 제14대 술탄 아흐메드 1세^{Ahmed I(1590~1617년)}가 완공한 모스크로 이스탄불에서 가장 아름다운 건축물이다. 이 모스크는 오스만 시대의 천재 건축가 미마르 시난^{Mimar Sinan}의 수제자인 메흐메드 아아^{Mehmed Ağa}의 작품이다. 내부의 벽, 기둥, 천장이 모두 푸른 타일로 장식돼 있어 외국관광객에는 블루 모스크^{Blue Mosque}로 더 잘 알려졌다.

블루 모스크는 그 크기가 1,200명을 수용할 수 있는 규모로 아야 소피아 대성당과 맞먹는다. 가로 53m, 세로 51m의 본당 중앙에 높이 43m, 지름 23.5m의 큰 돔이 있고 그 사방을 같은 크기의 돔과 작은 반원의 돔이 둘러싸고 있다. 「코끼리의 다리」라고 불리는 지름 5m의 거대한 대리석 기둥 4개가 돔을 받치고 있다.

블루 모스크의 안뜰

모스크 안은 260개의 형형색색의 스테인드글라스를 통해 들어오는 햇빛이 벽을 장식하고 있는 21,043장의 푸른 이즈닉 타일을 비치고 있어 성당처럼 화려하다. 안뜰은 26개의 화강암 기둥에 30개의 작은 돔이 얹혀있는 회랑에 둘러싸여 있다. 그 중앙의 육각형 정자에 기도하기 전에 손발을 씻는 터키식 우물 사드로반이 있다.

이 모스크에는 세계에서 유일하게 여섯 개의 첨탑이 서 있다. 술탄 아흐메드 1세가 메카로 순례를 떠나면서 첨탑을 터키어로 알톤altin(황금)으로 만들라고 지시했다. 그런데 건축가는 알토alti(여섯)로 잘못 듣고 여섯 개의 첨탑을 세웠다. 아흐메드 1세는 메카와 맞먹는 첨탑을 세웠다는 오해를 받지 않기 위해 첨탑 1개를 더 만들어 헌납함으로써 메카의 카바 성전의 첨탑이 7개가 됐다. 지금은 카바 성전에 9개가 서 있다.

황금의 그림문자 캘리그래피

이슬람교에서는 우상숭배를 금지하기 때문에 블루 모스크도 본당에 신상神像이나 성화聖畵가 없다. 천장과 벽은 모자이크 창과 아라베스크 무늬의 푸른색 타일, 그리고 황금의 그림문자 캘리그래피Calligraphy로 장식돼 있다. 바닥에는 무릎 꿇고 기도할 수 있게 기도용 카펫 셋자데Seccade가 깔렸다. 오스만 시대에는 술탄도 금요일 예배를 이 모스크에서 가졌다.

일반 관광객은 본당에 들어갈 때 입구에서 핑크색 향수 코론야Kolonya를 머리와 의복에 바르고 신발은 벗어야 한다. 여성은 드러나는 옷을 입어서는 안 되며 머리에 스카프를 써야 한다. 해진 뒤 야

모스크 내부를 장식하고 있는
푸른색의 아름다운 이즈닉 타일

성당처럼 화려한
블루 모스크의 내부

간 조명을 받아 밤하늘에 솟아오른 블루 모스크의 아름다운 자태 앞에서 「빛과 소리의 향연」이 열려 신비로운 분위기를 북돋아 준다.

블루 모스크의 북쪽 곁에 아흐메드 1세의 영묘가 있다. 그 곁에 집시 출신으로 13세 때 하렘으로 팔려와 15세에 황비皇妃가 된 쾨셈 Kösem의 무덤이 있다. 오스만 제국에서 황비는 가족 무덤에 묻힐 수 없게 돼 있으나 술탄 아흐메드 1세의 유언에 따라 그 곁에 누워있다. 쾨셈은 아흐메드 1세가 사망한 후 13세에 술탄이 된 첫째 왕비의 아들 오스만 2세(1603~1622)를 정신병자로 몰아세워 물러나게 하고 11세의 자기 아들 무라드 4세(1612~1640)를 황제로 즉위시켜 섭정했다.

만남의 광장 히포드롬

술탄 아흐메드 광장의 서쪽, 블루 모스크의 정문 앞에 있는 긴 네
모의 녹지대 히포드롬^{Hippodrome}, 이곳은 비잔틴 시대의 마차경기
장 자리에 블루 모스크를 짓고 남은 부지를 이용하여 만든 광장이
다. 터키어로 '말의 광장'이라는 뜻으로 아트 메이다느^{At Meydanı}라고
도 불린다. 현재 이스탄불 시민의 만남의 광장으로 사랑 받고 있다.

203년 고대 로마 시대에 만든 경기장을 326년에 콘스탄티누스
1세가 길이 480m, 폭 117m의 U자 모양의 경기장으로 확장했다. 이
경기장은 3만 명을 수용할 수 있어 고대 로마의 원형경기장 콜로세
움^{Colosseum} 다음으로 컸다.

고대 로마에서는 네 팀이 경기했으나 콘스탄티노플에서는 초록
색과 파란색 유니폼을 입은 두 팀이 경기 했다. 이 두 팀 응원단의
싸움이 신의 이름을 빌려 독재를 해온 황제에 대한 분노로 발전하
여 폭동이 일어났다. 이것이 유명한 「니카의 난^{Nika Revolt}」이다. 황제
의 명령으로 군대가 동원되어 폭동을 진압했으나 3만 명이 학살됐
고 아야 소피아 대성당과 아야 이리니 성당이 불타버렸다.

이 원형경기장을 장식했던 4개의 머리를 가진 말 조각은 제4차
십자군이 약탈해가 지금도 베네치아의 성마르코 대성당 정문 위에
전시되어 있다. 지금은 옛 경기장의 모습은 전혀 찾아볼 수 없고 경
기장을 장식했던 두 개의 오벨리스크^(터키어 디킬리타쉬)와 한 개의 뱀 기
둥, 그리고 독일의 샘이 있다.

모스크 내부를 장식하고 있는
아름다운 스테인드글라스

테오도시우스 1세와
콘스탄티누스 7세의
오벨리스크

오벨리스크와 뱀 기둥

광장의 북쪽 끝에 기원전 4세기에 황제 테오도시우스 1세^{Theodosius} ^{I(347~395)}가 고대 이집트에서 전리품으로 가져온 오벨리스크가 서 있다. 파라오 투트메스 3세^{Thutmes III(기원전 1504~1503년)}가 룩소르의 카르나크 신전에 세웠던 높이 26m의 오벨리스크다. 사면에 투트메스 3세의 공적이 고대 이집트의 그림문자로 새겨져 있다. 대리석으로 된 오벨리스크의 토대에 전차경기를 관람하는 황제와 가족의 돋을새김이 새겨져 있다. 그 오른쪽에 서 있는 10세기에 콘스탄티누스 7세가 세운 높이 32m의 오벨리스크는 원래 금박의 청동 판으로 덮여있었다. 13세기 초 십자군 전쟁 때 청동 판을 떼어내어 화폐를 만드는데 써버려 지금은 맨 돌로 된 오벨리스크만 남아있다.

광장 중앙에 3마리의 바다뱀이 몸을 꼬고 올라가는 모양의 높이 5m의 셀팬타인^(청동기둥Serpentine Column)이 서 있다. 이 기둥은 기원전

뱀 세 마리가 몸을 감고
올라가는 모양으로 만든
뱀기둥 셀팬타인

479년 페르시아 전쟁에서 그리스군의 승리를 기념하여 페르시아군의 방패를 녹여 만든 것이다. 그리스 델피^{Delphi}의 아폴론 신전에 있던 것을 326년에 콘스탄티누스 1세가 옮겨왔다. 세 마리의 뱀이 서로 엉켜 황금 그릇을 받치고 있는 기둥이었으나 지금은 몸통만 남아있다. 떨어져 나간 머리 중 두 개는 이스탄불의 고고학 박물관에, 나머지 한 개는 런던 박물관에 소장돼 있다.

오스만 제국과 독일의
우호의 상징으로 세운
독일의 샘

독일의 샘

광장의 남쪽 끝에 푸른색과 초록색 둥근 지붕의 아름다운 정자가 있다. 19세기 말에 오스만 제국을 방문한 독일 황제 빌헬름 2세가 기증한 샘^{Kaiser Wilhelm's Fountain}이다.

독일과 터키 양국 우호의 상징으로 세운 기념물이다. 그렇지만, 이 「독일의 샘」에는 제1차 대전에 오스만 제국을 독일 편에 가담시켜 터키를 와해위기에 빠뜨린 쓰라린 역사가 스며있다.

히포드롬의 서쪽 모퉁이에 있는 장식 모자이크 박물관에는 비잔틴 대궁전의 벽과 바닥을 장식했던 모자이크를 비롯하여 약 4만 점의 모자이크를 모아 놓았다. 블루 모스크 왼쪽 길 건너에 있는 터키·이슬람 미술 박물관은 세계에서 가장 오래된 카펫을 비롯하여 도자기, 금속세공, 세밀화³⁾ 등 터키와 이슬람의 미술품을 전시하고 있다.

---

3) 양피지·카드·금속·상아 등에 그린 작고 섬세한 그림. 12세기 이슬람에서 시작된 중세 그림.

비잔틴 시대의 잔영 지하궁전

히포드롬의 남서쪽 곁에 비잔틴 시대의 지하저수지 바실리카 시스턴^{Basilica Cistern}이 있다. 화려한 기둥과 천장이 있어 궁전같이 보인다고 해서 「지하궁전」^(예레바탄 사라이Yerebatan Sarayi)이라는 애칭이 붙어 있다.

삼면이 바다지만, 강이 없는 이스탄불은 콘스탄티노플 시대부터 시민의 식수공급과 적에게 포위됐을 때를 대비하여 60여 개의 지하저수지를 만들었다. 그중 하나가 6세기 유스티니아누스 1세^{Justinianus I} 때 만든 이 지하저수지다. 단층 건물의 지하실 입구로 들어가 계단을 내려가면 물 위에 떠있는 것처럼 기둥이 줄지어 서 있다. 기둥 위를 벽돌로 만든 아치모양의 아름다운 천장이 장식하고 있으며 조명과 음향효과로 환상적인 분위기가 감돈다.

저수지의 물은 이스탄불의 교외 25㎞ 떨어진 흑해 근처의 벨그라드 숲에 있는 큰 저수지로부터 로마식 수도교를 통해 끌어와 저장했다. 길이 140m, 폭 70m, 넓이 7만 8천㎢의 이 지하궁전에는 아르테미스 신전 등에서 가져온 높이 8m의 대리석 기둥이 4m 간격으로 28개씩 12열로 모두 336개가 서 있다. 기둥 모양이 모두 다르다. 그중에 「눈물의 기둥」이라 불리는 부적인 눈 모양의 기둥도 있다.

메두사의 기둥

지하궁전 북서쪽에는 그리스 신화에 나오는 메두사^{Medusa4)}의 머리가 새겨진 유명한 기둥 받침대가 있다. 신탁의 메카인 에게 해 연안 고대 그리스의 식민 도시 디딤^{Didim}의 아폴론 신전에서 가져온 것이다. 가로세로 2m 크기의 메두사의 머리가 하나는 거꾸로, 다른 하나는 옆으로 누워있다. 이것은 비잔틴 제국이 그리스문화를 경시한다는 것을 의도적으로 나타낸 것이라 한다.

지하저수지의 기둥을 떠받치고 있는 그리스 신화의 괴녀 메두사의 옆으로 놓인 머리

이곳은 1963년에 상영된 영국작가 이안 플레밍 (Ian Lancaster Fleming : 1908~1964)의 스파이 소설을 영화화한 《007 위기일발 From Russia With Love》의 촬영장이기도 하다. 지하궁전 안에는 카페가 있어 쉬어 갈 수도 있다.

---

4) 그리스 신화에 나오는 무서운 마녀로 멧돼지의 어금니에 푸른 구리 손, 머리칼 대신에 뱀이 있다고 한다.

바다가 보이는 넷째 정원의 황금색 지붕에 아치와 돔을 올린 바그다드 정자

오스만 제국의 심장 톱카프

09

6만 5천 점의 유물을 소장한 세계적인 박물관

아야 소피아 대성당 뒤에 오스만 제국의 심장 톱카프 궁전 Topkapı Sarayı이 자리한다. 터키어로 톱은 '대포', 카프는 '문', 사라이는 '궁전'을 뜻한다. 궁전의 보아지치 해협 쪽에 거대한 대포가 설치돼있어 「대포의 문(톱카프) 궁전」이라는 이름을 갖게 됐다.

이 궁전은 정복자 술탄 메흐메드 2세가 1453년에 콘스탄티노플을 함락하고 9년 뒤인 1462년에 착공하여 1467년에 완공한 궁전이다.[5] 1856년 돌마바흐체 궁전으로 옮겨갈 때까지 370년 동안 25명의 술탄이 이 궁전에서 오스만 제국을 다스렸다. 지금은 6만 5천 점의 귀중한 유물을 소장하고 있는 세계적인 박물관으로 일반에게 공개되고 있다.

정복왕 술탄 메흐메드 2세

---

[5] 톱카프 궁전은 두 번째 궁전으로 오스만 제국의 첫 번째 궁전은 메흐메드 2세가 콘스탄티노플 점령 직후에 이스탄불 대학 자리에 세웠다.

유럽의 성문처럼 보이는
톱카프 궁전의 두 번째문
바뷔스 셀람(예절의 문)

궁전의 넓이가 약 70만㎢인 이 궁전은 3개의 성문과 4개의 정원, 그리고 하렘으로 구성돼 있다. 유럽의 궁전처럼 큰 건물이 없고 유목민의 천막집처럼 작은 방들이 이어져 있다.

황제의 문과 첫째 정원

궁전의 정문은 1478년에 술탄 메흐메드 2세가 세운 바브 휘마윤^{Bâbı} ^{Hümâyûn}(황제의 문)이다. 이 정문 앞의 광장에 1729년에 지은 제23대 술탄 아흐메드 3세의 기념우물이 있다. 큰 지붕에 사면이 이슬람 풍의 아치 문으로 장식된 정자다. 동이스탄불의 위스퀴다르에도 아흐메드 3세의 우물이 있다.

정문을 들어서면 첫째 정원이 나온다. 일반 백성은 이곳까지만 들어갈 수 있었다. 술탄의 직속 친위대 예니체리^{yeniçer 6)}의 무기고가 있어서 「예니체리 정원」이라고도 불렸다. 예니체리는 터키어로 '새로운 병사'라는 뜻이다. 오스만 제국에는 데우시르메 제도^(징용제도)가 있었다. 이 제도로 신체 건강하고 두뇌가 명석한 기독교 가정 출신의 소년들을 정기적으로 징집하여 이슬람교도로 개종시킨 후 엘리트 군인 예니체리를 양성했다.

첫째 정원의 왼쪽 모퉁이에 6세기 비잔틴 양식으로 건축한 아야 이리니 성당^{Aya İrini Kilisesi}이 있다. 이스탄불에서 가장 오래된 성당이다. 381년에 기독교의 삼위일체 교리를 결정한 제1차 콘스탄티노플 공의회가 열렸던 곳으로 지금은 박물관으로 쓰고 있다.

예절의 문과 둘째 정원

첫째 정원의 안쪽에 16세기에 제10대 술탄 쉴레이만 1세^{Suleiman I} ^(1494~1566)가 지은 바뷔스 셀람^{Bâbüs Selâm(예절의 문)}이 서 있다. 유럽의 성문처럼 좌우에 팔각형의 탑이 있다. 성문에 '하늘에는 신이 있고 땅에는 위대한 술탄이 있다'는 술탄 쉴레이만의 어록이 새겨져 있다.

둘째 정원은 이곳에서 궁전의 공식행사가 열렸기 때문에 「행렬

---

6) 오스만 제국의 술탄 직속친위대 겸 정예 상비군으로 전투에서 용맹하기로 유명했다. 14세기에 창설하였으나 19세기 초에 술탄 마무드 2세가 해산하였다.

톱카프 궁전 평면도와 모형

의 광장」이라고도 부른다. 정원의 정면에 15세기에 세운 삼각지붕인 「정의의 탑」이 서 있고 그 왼쪽에 국사를 논의하고 중요정책을 결정했던 의사당 쿱베 알트^{Kubbe Alti}와 무기전시관이 있다.

정원의 오른쪽에 하루 5천 명분의 식사를 만들었던 10개의 돔으로 된 부엌건물 마트바흐 아미레^{Matbāhı Āmire(주방)}가 있다. 지금은 10~18세기의 중국도자기를 중심으로 약 2천5백 점의 동양 도자기를 소장하고 있는 박물관이다. 북경과 코펜하겐의 도자기 박물관 다음으로 크다. 중국에서 출발하여 인도양을 거치는 「바다의 실크로드」를 통해 온 송나라의 청자와 백자, 명나라의 그림화분^{赤繪}, 흰 바탕에 남색 문양의 원나라의 염부^{染付} 등 중국 도자기가 많다. 중국 청자는 독이 묻으면 깨진다 해서 술탄의 만찬에 많이 사용했다고 한다.

도자기 박물관의 중국산 도자기

금남의 장소 하렘

둘째 정원의 왼쪽 모퉁이에 궁전의 본체와 떨어져서 술탄의 여인들이 거주했던 하렘Harem이 있다. 이슬람 사회에서 여성들만이 거주하는 은밀한 장소가 하렘이다. 아랍어로는 하림harim이라고 부르며 '금단禁斷의 장소'를 가리킨다.

여성의 자유가 없는 곳이라 해서 「황금 감옥」이라고도 불렀다. 하렘에 드나들 수 있는 남자는 술탄과 거세된 남성 환관(내시)뿐이었다. 하렘은 궁전에만 있었던 것이 아니다. 오스만 시대 상류계급의 집은 남자가 거주하는 셀람륵selamlik과 여성이 거주하는 하렘으로 나뉘어 있었다.

하렘에는 250개의 방이 있다. 그중 술탄이 외빈을 만날 때 사용한 황제의 방과 대리석 분수가 있는 술탄 무라드 3세의 침실이 유명하다. 그밖에 예쁘게 가꾼 정원, 돔 모양의 식당, 목욕장, 세탁장, 진료소, 예배당 등이 있다.

하렘의 입구를 지나 「황금의 길」을 따라 안으로 들어가면 후궁들의 방이 나온다. 오스만 제국의 전성기에는 하렘에 거주하는 여인이 천 명이 넘었다. 대부분이 술탄에게 바쳤거나 노예시장에서 데리고 온 여성들이었다. 하얀 피부에 금발의 여성이 가장 인기가 높았다.

하렘의 여성들과 흑인 내시

하렘의 여성은 술탄과 관계를 가졌느냐, 아이를 낳았느냐에 따라 그 지위가 크게 달라졌다. 술탄과 관계를 가졌으면 이크발(행운의 여자)이 돼 독방을 사용했다. 하렘의 최고 실력자는 술탄의 어머니 발리데 술탄Varide Sultan이며 그다음이 네 왕비 중 첫아들을 낳은 하세키 술탄Haseki Sultan이었다.

오스만 제국의 초기에 술탄은 비잔틴 제국이나 이웃 나라의 공주를 정식 왕비로 맞았다. 국력이 강해진 15세기 이후에는 정식으로 결혼하지 않고 하렘의 후궁 중에서 왕비를 삼았다. 이들은 왕비라고 하지만, 정식 술탄의 처가 아니며 신분도 노예 그대로였다. 예외가 노예 출신으로 제10대 술탄 쉴레이만 1세와 결혼하여 정식 왕

비가 된 록셀란^{Roxalena}이다. 그래서 술탄의 후계자는 아들 중에서
뽑았지만, 이민족과의 혼혈 출신이 많았다. 모친의 출신을 문제 삼
지 않았기 때문이다.

오스만 제국에서는 장남이 술탄의 직위를 계승하는 법이 없었
다. 자식 중 후계자 다툼에서 이긴 자가 술탄에 오르고 나머지 형
제는 모두 죽이는 것이 관례였다. 대표적인 예로 제7대 술탄 메흐
메드 2세는 술탄에 즉위하자마자 바로 하나밖에 없는 동생을 죽였
다. 제13대 술탄 메흐메드 3세는 즉위 직후에 19명의 형제를 모두
교살했다. 나중에는 죽이지는 않고 「황금 새장」이라고 불린 하렘의
외진 곳에 연금했다.

행복의 문과 셋째 정원

에메랄드로 장식된
톱카프 단검(18세기)

셋째 문인 바쉬스 사데 Babüs Saadet(행복의 문)를 들어서면 술탄과 측근만이 들어갈 수 있는 셋째 정원이 나온다. 술탄의 즉위식이 열렸던 곳이며 외국사절의 접견실, 술탄의 방, 메흐메드 3세 도서관, 보물관, 성물유물실 등이 있다.

정원 동쪽에 있는 보물관 하지네 오다스 Hâzine Odasi에는 190여 점의 보물을 전시하고 있다. 대표적인 전시물로 에메랄드로 장식된 톱카프 단검, 스푼 다이아몬드라고 불리는 세계에서 다섯 번째로 큰 86캐럿짜리 다이아몬드, 세계에서 가장 큰 3㎏의 에메랄드, 6,666개의 다이아몬드가 박힌 황금 촛대 등이 있다.

톱카프 단검은 1747년에 페르시아 왕에게 선물했던 것으로 3개의 큰 에메랄드로 장식돼 있다. 스푼 다이아몬드는 어부가 우연히 발견한 다이아몬드인데 그 가치를 몰라 시장에서 스푼과 교환했다 해서 붙은 이름이다. 성유물실에는 무함마드의 머리카락, 콧수염, 발자국, 대검, 외투, 깃발이 전시되고 있다. 그밖에 세례 요한의 두개골과 손, 다윗 왕의 칼, 요셉의 모자, 모세의 지팡이 등 기독교의 성유물도 있다.

세계에서 다섯 번째로 큰
86캐럿의 스푼 다이아몬드

바다가 보이는 넷째 정원의 중앙에 무스타파 파샤 정자, 그 앞에 제17대 술탄 무라드 4세 Murad Ⅳ(1612~1640)의 바그다드 원정을 기념하여 세운 황금색 지붕에 아치와 돔이 있는 바그다드 정자, 페르시아의 예레반(현 아르메니아의 수도) 점령을 기념하여 세운 레반 정자가 서 있다. 계단 아래에 있는 레스토랑 콘야르에서 터키 커피나 식사를 즐기며 보아지치 해협의 아름다운 풍광을 감상할 수 있다.

이스탄불 고고학 박물관

첫째 정원의 곁에 1891년에 개관한 이스탄불 고고학 박물관Istanbul Arkeoloji Müzesi, 그 곁에 고대 동방 박물관Eski Şark Eserleri Müzesi과 장식 타일 박물관Çinili Köşkü이 있다.

　이스탄불 고고학 박물관은 헬레니즘 시대에서 고대 로마 시대까지의 유물 약 10만 점을 소장하고 있는 세계적인 고고학 박물관이다. 알렉산드로스 대왕의 석관이 유명하다. 고대 동방 박물관에는 함무라비 법전과 세계 최초의 평화조약인 카데쉬 조약의 점토판이 있다. 그 복사본이 유엔 본부에 걸려 있다.

알렉산드로스 대왕의 석관에
새겨져 있는 부조
–이스탄불 고고학 박물관

할리치
연안 따라

이슬람 분위기가 물씬 풍기고 생동감 넘치는 곳

술탄아흐메드 광장에서 서쪽으로 그랜드 바자르 근처까지 디반 욜루 거리가 이스탄불의 도심을 동서로 길게 가로지른다. 마치 서울의 광화문에서 동대문까지 뻗어 있는 종로 같다. 전차^(트램바이)가 다니는 이 거리의 쳄베를리타슈 전철 역 앞에 높이 34m의 둥근 기둥이 서 있다. 「불탄 기둥」이라 불리는 이 기둥은 「콘스탄티노플 천도 기념탑」이다. 324년에 로마 제국을 재통일한 콘스탄티누스 1세가 330년 5월 11일에 수도를 로마에서 이곳으로 옮겨오면서 세운 유서 깊은 탑이다. 그는 수도의 이름을 「노바 로마^{Nova Rome(신 로마)}」라하고 황제의 이름을 따서 '콘스탄티누스의 도시'라는 뜻으로 「콘스탄티노폴리스」라고도 불렀다.

천도 기념탑에서 그리 멀지 않은 곳에 아라비안나이트 시대를 연상시키는 재래시장 그랜드 바자르^{Grand Bazaar}가 자리한다. 이곳은 이스탄불에 온 외국관광객들이 꼭 들르는 유명한 관광 명소다. 중

재래시장
그랜드 바자르 내의 상점들

세 이슬람 분위기가 물씬 풍기며 사람이 들끓고 몇 개국의 말이 오
가는 생동감이 넘치는 곳이다. 바자르는 페르시아어로 '시장'이란
뜻이다. 1461년에 제7대 술탄 메흐메드 2세가 세운 이 시장은 천장
이 돔으로 덮여있어 「카팔르 차르시Kapalı Çarşı(지붕 덮인 시장)」라고 부른
다. 세계적인 동화작가 안데르센의 《지중해 기행》에서도 이 재래시
장을 소개하고 있다.

시장의 넓이가 자그마치 동서로 200m, 남북으로 250m에 약 3만㎡
나 된다. 시장에 27개의 출입문이 있고 65개의 좁은 골목이 미로처
럼 복잡하게 얽혀있다. 그 속에 4,400개의 상점이 늘어서 있으며 모

스크, 레스토랑, 우체국까지 있다. 길을 잃어버리지 않기 위해서는 반드시 상점 간판에 붙어있는 번호를 기억해둬야 한다.

이 시장에 터키의 특산물인 카펫과 밝은 청록색의 터키석[7]을 비롯하여 귀금속, 보석, 도자기, 비단, 가죽제품, 수공예품, 골동품, 장신구 등 수백 가지의 상품을 판다. 19세기까지는 노예도 사고팔았다. 정가제가 아니므로 흥정하기에 따라 가격이 반값 이하로 내려간다.

이 시장은 아무것도 사지 않고 골목을 다니며 이것저것 보는 것만으로도 즐겁다. 쇼핑이 끝나면 시장 안에 있는 카페에서 터키 커피나 홍차를 마시며 다리쉼 할 수도 있다. 카페 안에는 옛 이스탄불의 사진이나 그림이 걸려 있고 터키인들이 트럼프놀이를 하는 모습이 한가롭다.

여행의 피로를 푸는 데는 터키의 스팀식 공중탕 하맘Hamamı도 좋다. 이스탄불의 하맘으로는 그랜드 바자르와 터키 이스탄불 미술관 사이에 있는 쳄베를리타슈 전차 역 옆의 쳄베를리타슈 하맘Çemberlitaş Hamamı이 유명하다. 터키의 전통문화인 하맘은 중앙에 괴벡타스라고 불리는 팔각형의 대리석 바닥이 있는 증기 공중탕이다. 우리나라의 증기식 사우나와 비슷하다. 다만 하맘에는 욕조가 없다. 대리석 바닥에 누워서 증기 찜을 하고 때밀이와 안마를 받을 수 있다.

---

7) 하늘색 또는 청록색을 띤 아름다운 보석. 터키에서는 산출되지 않고 이란이나 시나이에서 산출되는데 터키를 거쳐 유럽으로 전해졌기 때문에 터키석이라고 부른다. 터키석을 몸에 지니고 다니면 안전이나 행운을 얻는다고 한다.

아름다운 쉴레이마니예 자미

이스탄불 대학교 마크

그랜드 바자르 곁의 자유 광장(베야지트 광장 Beyazit Meydanı) 주변의 술탄 메흐메드 2세가 콘스탄티노플을 점령한 직후에 지은 최초의 궁전이 있던 자리에 이스탄불 대학이 자리하고 있다. 그 옆에 높이 85m의 베야지트 탑Beyazit Kulesi이 서 있다. 일기예보 탑으로 활용되고 있는 이 탑은 날씨가 맑으면 푸른색, 비가 오면 초록색, 눈이 오면 붉은색으로 변한다.

그 북쪽으로 할리치가 내려다보이는 언덕에 웅장한 쉴레이마니예 자미Süleymaniye Camii가 우뚝 서 있다. 제10대 술탄 쉴레이만 1세 때 유명한 건축가 미마르 시난Hodja Mimar Sinan(1489~1588) 8)이 7년 걸려 1557년에 완공한 모스크다.

쉴레이만 1세는 오스만 제국의 전성기를 이룩한 술탄이다. 쉴레이만이라는 이름은 고대 히브리어로 '지혜롭다'는 뜻의 솔로몬의 이름을 딴 것이다. 재위 46년 동안에 13번 국외원정을 하여 베오그라드, 로도스 섬, 바그다드를 점령하여 오스만 제국의 영토를 크게 확장했고 빈을 포위 공격하여 유럽진출을 시도했던 술탄이다. 그는 법률, 문학, 예술, 건축 분야에도 큰 업적을 남겼다. 유럽인들은 그를 화려한 황제라 해서 「대제大帝」라고 부르고 터키인들은 오스만 제국의 모든 백성에게 적용될 하나의 법을 만든 황제라 해서 「까누니Kânûnî(입법자)」라고 불렀다.

---

8) 시난은 그리스인으로 카이세리에서 태어난 기독교도로 예니체리 출신이다. 오스만 시대의 최고 건축가로 50세에 궁전 건축장이 되어 97세에 죽을 때까지 네 명의 술탄 밑에서 81개의 모스크, 51개의 신학교, 19개의 영묘, 2개의 수도교를 건축하였다.

이 모스크는 길이 59m, 너비 58m의 본당 중앙에 높이 53m, 지름 26.5m의 큰 돔이 있고 반원형의 작은 돔이 에워싸고 있다. 내부는 아름다운 이즈닉 타일로 꾸며져 있다. 이 모스크의 부속시설로 신학교, 병원, 무료 급식소가 있으며 부속건물 일부가 터키·이슬람 미술관으로 사용되고 있다. 술탄 쉴레이만 1세, 왕비 록셀라나, 술탄 아흐메드 2세의 영묘가 있다. 모스크 내에 오스만 궁중 요리로 유명한 레스토랑 다루지야페Dârüzziyafe가 있다. 이곳은 모스크의 마당과 복도에 레스토랑의 객석이 있어 오스만 시대의 독특한 분위기 속에서 전통 터키 요리를 즐길 수 있다.

로마 시대의 발렌스 수도교

정복자(파티흐) 메흐메드 2세의
콘스탄티노플 함락 기념탑

쉴레이마니예 자미 근처에 2층 아치가 연이어 있는 로마 시대의 수도교가 남아있다. 4세기 말에 로마 황제 발렌스$^{Valens(328~378)}$가 제3언덕(에미노뉴 언덕)과 제4언덕(파티흐 언덕) 사이에 만든 발렌스 수도교다. 로마처럼 콘스탄티노플에도 수도교가 많았으나 지금은 높이 20m, 폭 3.5m, 길이 800m의 이 수도교만 남아있다. 스페인 세고비아의 수도교만 못하지만, 비교적 보존이 잘된 멋진 모습을 간직하고 있다. 수도교의 교각 아래 뉴 이스탄불로 이어지는 아타튀르크 대로가 있어 많은 차가 드나들고 있다.

수도교 곁에 있는 파티흐 자미$^{Fatih\ Camii}$에 메흐메드 2세의 무덤이 있고 그 곁의 공원에 「파티흐 동상」이 서 있다. 터번을 쓰고 오른 손을 하늘 높이 들고 말을 탄 모습의 메흐메드 2세의 기마상이다. 매년 5월 29일 「파티흐(정복자)의 날」에 이곳에서 콘스탄티노플 함락 기념행사를 가진다.

로마시대의 발렌스 수도교

귈하네 공원과 시르케지 역 주변

술탄아흐메드 광장 북쪽에 톱카프 궁전의 벽을 끼고 자리한 귈하네 공원^{Gülhane Parkı}, 이곳은 고대 그리스 시대에 신전이 있었던 아크로폴리스였다. 울창한 공원의 숲 속에 높이 15m의 로마 시대 「고트족의 탑」이 서 있다. 3세기 발칸 반도로 남하해온 고트 족^{Goths 9)}을 격파한 기념으로 황제 클라우디우스 2세^{Claudius II(214~270)}가 세운 기념탑이다. 그는 고트족의 정복자라는 뜻으로 고디쿠스^{Gothicus}라고 불린 위대한 황제이며 오늘날 젊은 남녀들이 즐기는 「발렌타인데이」의 기원이 된 금혼 령^{禁婚令}을 내린 황제다.

귈하네 공원의
로마 시대의 고트 족의 탑

귈하네 공원과 갈라타 다리 사이에 오리엔트 특급의 종착역 시르케지 역^{Sirkez Garı}이 있다. 역내에 당시의 모습이 남아있다. 역 앞에 페리와 크루즈가 떠나는 에미노뉴^{Eminönü} 선착장이 있다. 이 일대는 터키인의 짙은 삶의 냄새가 풍기는 곳으로 출퇴근 시간에는 터키인들이, 낮에는 외국관광객들이 매우 붐빈다.

에스닉 시장 이집트 바자르

에미노뉴 선착장 앞 작은 광장에 서 있는 예니 자미^{Yeni Camii}는 1597년에 착공하여 1663년에 완공한 모스크로 제13대 술탄 메흐메드 3세의 어머니 발리데 사피예 술탄^{Valide Safiye Sultan}을 위해 지은 것이다. 지름 36m의 큰 돔을 4개의 돔이 떠받히고 있고 66개의 작은 돔이 상하좌우로 있다. 모스크 앞 광장은 비둘기가 많이 모인다.

---

9) 스칸디나비아 반도에서 기원한 동부 게르만족의 일파

이집트 바자르

　　모스크 옆의 적갈색의 2층 건물이 므스르 차르시^{Misir Çarşı}라 불리는 에스닉 시장 이집트 바자르^{Egyptian Bazaar}다. 유럽인에게는 「스파이스 바자르^{Spice Bazaar(향료시장)}」로 더 잘 알려졌다. 1660년에 예니 자미의 관리비를 조달하기 위해 지은 모스크의 부속시장이다. 독특한 색깔과 냄새가 풍기는 오리엔트 분위기의 이 시장에 100여 개의 상점이 있다. 이집트에서 수입해온 향신료와 생약을 비롯하여 터키 과자, 차이, 커피 가루, 치즈, 로열젤리 등 주로 식품류를 판다.

　　시장의 가장 안쪽 2층에 《로마의 휴일》의 주연 오드리 헵번이 다녀간 적이 있다는 레스토랑에서 다리쉼 할 수 있다.

낭만이 깃든 터키 커피와 홍차

이집트 바자르의 서남쪽 뒤 일대가 터키 커피의 발상지다. 16세기 전반에 터키에 커피가 들어왔으며 최초의 카페가 이곳에 생겼다. 터키 차이^(홍차)는 17세기에 들어왔다. 터키는 세계 다섯 번째 홍차 소비국이다.

터키 차를 끓이는
독특한 모양의
2단 주전자 차이단룩

튀르크 카흐베^(터키 커피)는 긴 손잡이가 달린 냄비 체즈베^{Cezve}에 커피가루와 물과 설탕을 넣고 끓여 만든다. 에스프레소보다 진한 향에 쓴맛과 단맛이 섞여 있어 구수하다. 터키인은 커피를 마신 뒤, 잔에 남은 커피가 흘러서 생긴 흔적으로 그날의 운수를 본다. 터키 차이를 끓이는 방법도 독특하다. 2단 주전자 차이단룩^{Çaydanlık}의 아래쪽에 물을, 위쪽에 차이를 넣고 끓인다. 물이 끓으면 올라오는 증기로 차이를 쪄서 붉게 우러난 찻물에 아래 물을 섞어 튤립 모양의 유리잔에 담아 마신다. 맛과 향이 매우 진하다.

이스탄불에는 거리의 곳곳에 터키 커피나 홍차를 마실 수 있는 카흐베하네^{Kahvekhane}나 차이하네^{Chaikhane}가 많다.

이슬람교의 성지 에윱

힐리치의 서쪽 해안 가까이에 있는 오스만 양식으로 지은 에윱 술탄 자미^{Eyüp Sultan Camii}, 이곳은 모스크 뒤의 언덕에 있는 에윱 안사르^{Eyüp al-Ansar}의 무덤과 함께 이슬람교의 성지다.

메흐메드 2세가 에윱을 추모하여 세운 에윱 술탄 자미

7세기 이슬람군이 콘스탄티노플을 포위 공격했을 때 에윱은 예언자 무함마드의 친구이며 성전聖戰의 지휘관으로 참전했다가 전사했다. 오스만 제국이 콘스탄티노플을 정복한 직후에 메흐메드 2세는 에윱을 추모하여 그가 죽은 장소에 영묘를 만들고 모스크를 세웠다. 이 모스크에서 술탄이 새로 즉위하면 오스만 1세가 사용했던 성검聖劍 인 「오스만의 칼」의 수여의식을 거행했다.

피에르 로티 언덕

에윱 술탄 자미 뒤에 자리한 할리치가 내려다보이는 피에르 로티 언덕은 전망이 좋아 이스탄불 시민이 즐겨 찾는 곳이다. 이 언덕은 프랑스 작가 피에르 로티(Pierre Loti 1850~1923)가 사랑했던 터키 여인을 잊지 못해 자주 들렀던 곳으로 더 유명하다.

본명이 줄리앙 비오Julien Viaud인 그는 프랑스 해군 장교로 이스탄불에 주재했다. 그때 터키 여인 아지야데와 가졌던 사랑의 이야기를 담은 자전소설 《아지야데Aziyade》(1879)를 출판했다.

피에르 로티 언덕에 있는 차이하네

그는 해군 장교로서 세계 각지를 여행하면서 많은 작품을 남겼다. 그중 1901년 서울을 방문했을 때 쓴 《서울에서 A Seoul》라는 제목의 한국 기행문도 있다. 이 기행문은 《새벽을 알리는 나팔 소리》라는 제목으로 우리말로 번역되어 〈신동아〉 1992년 6월호에 게재됐다. 그의 작품 중에는 메이지 시대의 일본을 배경으로 나가사키

할리치가 내려다보이는
피에르 로티의
야외 카흐베하네

에서 만난 15살의 꽃다운 소녀와의 사랑의 이야기를 담은 소설 《국
화부인》(1887)이 있다. 이 소설을 참작하여 미국 작가 존 루터 롱이
소설을 썼고, 이를 극작가 데이비드 벨라스코는 연극으로 만들었
고 이탈리아의 작곡가 푸치니는 그 유명한 오페라 《나비부인Madama
Butterfly》을 작곡했다고 한다.

　이 언덕에 있는 「피에르 로티 카페」라는 예쁜 카페에 로티와 여
인의 초상화가 걸려있어 로맨틱한 분위기를 너해준다. 야외 카페에
서는 아름다운 할리치와 이스탄불을 내려다보며 터키 커피나 차
를 즐길 수 있다.

ἈΝΑΤΑϹΙϹ

아나스타시스−흰 옷 입은 그리스도가 관에서 아담과 이브를 구출하고 있는 프레스코 성화

7킬로미터의
비잔틴 대성벽

11

벽돌과 돌을 섞어 만든 높이 11m 두께 5m의 성벽

마르마라 해에서 할리치까지 부채 모양으로 올드 이스탄불의 일곱 언덕을 에워싸고 있는 이스탄불의 대성벽은 5세기 전반, 비잔틴 제국의 황제 테오도시우스 2세$^{Theodosius\ II(401\sim450)}$가 건설한 테오도시우스 성벽(콘스탄티노플 성벽이라고도 한다)으로 그 길이가 7㎞에 이른다.

천 년 동안 비잔틴 제국을 지켜준 높이 11m, 두께 5m의 이 대성벽은 벽돌과 돌을 섞어 3중으로 만들었고 높이 20m의 탑 95개로 연결하고 있었다. 지금은 56개의 탑과 개선문(황금 문), 에디르네 문 등 6개의 성문이 남아있다. 에디르네 성문$^{Edirne\ kap}$은 오스만군이 콘스탄티노플을 함락했을 때 메흐메드 2세가 흰 말을 타고 입성한 성문이다. 성문 옆에 터키어로 '히즈라 력 857년 5월 20일(서기 1453년 5월 29일) 화요일 새벽, 오스만군이 성벽을 뚫고 콘스탄티노플에 입성했다'고 새겨진 대리석 비석이 장식돼 있다.

　　에디르네 성문을 들어서면 가까운 곳에 오스만 시대의 대건축가 미마르 시난이 쉴레이만 대제의 딸을 위해 지은 미흐리마흐 술탄 자미Mihrimah Sultan Camii가 있고 그 곁에 모자이크 성화로 유명한 코라 수도원(지금의 카리예 박물관)이 있다.

　　성벽 동쪽 끝자락의 마르마라 해 가까이에 테오도시우스 1세가 세운 개선문 「황금 문Golden Gate」이 있다. 국외 원정에서 승리하고 돌아온 비잔틴군이 개선행진을 했던 성문이다. 황금 문을 중심으로 좌우에 일곱 개의 탑이 요새를 이루고 있다. 예디쿨레yedikule라고 불린 요새였으나 오스만 시대에 감옥으로 사용됐다.

성벽 서북쪽 끝자락의 할리치 연안에 그리스 정교회의 세계 총주교좌인 아기오스 게오루기오스^Agios Georgios 성당이 있다. 원래 총주교좌는 아야 소피아 대성당에 있었으나 모스크로 바뀌면서 이곳으로 옮겨왔다.

비잔틴 성화의 보고 – 카리예 박물관

에디르네 성문 가까이에 있는 「비잔틴의 보석상자」라고 불리는 카리예 박물관^Kariye Muzesi, 이곳은 50여 점의 비잔틴 시대의 모자이크 성화와 30여 점의 프레스코 성화가 천장과 벽을 꽉 채우고 있는 성화의 보고다.

원래 4세기 무렵 성벽 밖에다 지은 코라 수도원^Chora Church의 부속성당이었다. 코라는 '교외' 라는 뜻의 터키어로 성벽 밖에 있다 해서 붙여진 이름이다. 16세기에 카리예 자미^Kariye Camii가 되면서 모자이크 성화들을 회칠하여 덮어버렸다. 1948년 박물관이 된 뒤, 복원돼 다시 볼 수 있게 됐다.

비잔틴 미술의 걸작 성화

성화^聖畵(이콘Icon)는 불가시적인 신의 세계를 가시화한 것으로 예배드리는 자와 신의 세계를 연결하는 역할을 한다. 주로 성서의 교리나 신앙의 대상인 예수 그리스도, 성모 마리아와 아기 예수, 성삼위일체, 천사, 성인, 성녀를 모자이크나 프레스코 그림으로 그린다. 모자이크 그림은 테세라^tessera라고 불리는 작은 대리석, 유리 조각, 도자기 조각을 벽면이나 바닥에 붙여서 만든다. 프레스코 그림은 천

콘스탄티노플의
함락을 기념하여 새긴
대리석 비석

장이나 벽에 회반죽을 입히고 그 위에 그리거나 다듬은 나무판에 아교와 횟가루를 입힌 다음에 그 위에 달걀 노른자위^{(란확(卵黃))}를 섞은 텐페라 물감으로 그린다. 그러기 때문에 수백 년이 지나도 색이 변하지 않는다.

이콘은 형태, 구도, 색, 인물의 표정까지 정해져 있는 엄격한 기준에 맞추어 그려야 한다. 이콘에서 사용되는 색도 여러 가지 의미를 담고 있다. 흰색은 신을 나타내는 색으로 신의 영광을 나타내거나 성모 등 하느님과 연관된 자에게만 사용했다. 녹색은 생명과 희망을 나타내는 색으로서 성령과 관련되는 부분에, 갈색은 고행자, 수도자들이 고행하며 세속과 모든 것을 끊는다는 뜻으로 사용됐다.

카리예 박물관 내부

인간미 넘치는 성화들

카리예 박물관의 성화는 모두 14세기 작품으로 예수 그리스도와
성모 마리아의 생애를 담고 있다. 이곳 성화에 묘사돼있는 예수와
성모 마리아는 모두 인간미가 넘치게 그려져 있다.

바깥 회랑에는 위에 〈그리스도·반트크라도르^(전능자)〉, 그 아래 그리
스도의 생애를 묘사한 베들레헴에서의 요셉의 꿈 〈수태고지^{受胎告知}〉
를 비롯하여 〈그리스도의 탄생〉, 〈동방 박사의 경배〉, 〈이집트로 피
난〉, 〈예루살렘에서의 예수의 세례〉, 〈예수의 기적〉, 〈성모와 천사의
기도〉등 성화들이 있다.

수태고지는 대천사 가브리엘이 동정녀 마리아에게 그리스도의
회임을 알리는 것을 말한다^(누가복음 1장 26~38절). 이 성화는 오른쪽에

황금 옷을 입은 그리스도가
중앙에 서서 성모의 혼을 안고 있는
프레스코 성화 〈성모의 취침〉

천정의 높은 돔에 그린 성화
〈그리스도의 가계도〉

성모 마리아, 왼쪽에 대천사 가브리엘이 자리하고 성모 마리아의
옷은 파란색과 붉은색으로 묘사돼 있다. 파란색은 신성, 붉은색
은 신의 사랑을 상징한다. 일반적으로 성화 속 성모 마리아의 표정
은 매우 냉정하게 보인다. 그것은 남자를 모르고 임신한 마리아가
처음에는 매우 당황하지만, 신의 뜻이라는 것을 알고 받아들이기
로 한 결단을 나타내고 있기 때문이다. 본당 입구에는 〈성모의 죽
음〉 성화가, 본당에는 〈그리스도〉, 〈성모자〉, 〈잠자는 성모〉 성화
가 있다.

천장의 성화들

　무덤의 부속 예배당인 파라크레시온에는 두 개의 프레스코 성화
가 있다. 하나는 〈부활〉이고 다른 하나는 〈최후의 심판〉이다. 부활
에는 예수가 좌우의 관으로부터 아담과 이브의 손을 당기며 구출
하는 장면으로 비잔틴미술 최고의 명화로 평가받고 있다.

　모자이크 성화들이 너무도 신비롭고 아름다워 터키 여행이 끝난
뒤에도 내내 뇌리에 남아 마이크로필름을 재생하듯 눈만 감으면 떠
오른다. 영원히 잊지 못할 찬란한 성화들이다. 기독교인이 아니더라
도 꼭 가봐야 할 박물관이다.

NEW ISTANBUL

뉴 이스탄불

뉴 이스탄불 시내풍경

유럽풍의 신시가지
뉴 이스탄불

갈라타 다리 건너 탁심 광장까지

할리치 북쪽의 유럽대륙에 자리한 뉴 이스탄불, 이 지역은 유럽풍의 분위기가 짙은 이스탄불의 신시가지다. 갈라타 다리를 건너면 갈라타^{Galata} 지구가 나오고 그 북으로 탁심 광장까지가 이스탄불에서 가장 번화한 베이욜루^{Beyoglu} 지구로 이어진다.

그리스어로 '양젖'을 뜻하는 갈라타는 옛날에는 이 일대에서 양을 길러 젖을 짜서 공급했기 때문에 유래된 이름이다. 베이욜루의 옛 이름은 페라^{Pera}다. 그리스어로 '넘는다'는 뜻이다. 메흐메드 2세가 콘스탄티노플을 함락할 때 오스만군의 배가 이곳 언덕을 넘었다 해서 그렇게 부르게 됐다.

올드 이스탄불에서 갈라타 다리를 건너 뉴 이스탄불에 들어서면 바로 지하철 튀넬^{Tünel}이 나온다. 1875년 런던 다음에 개설된 세계에서 두 번째로 오래된 지하철이다. 출발점인 카라쾨이 역에서 종점인 튀넬 역까지 573m의 단 구간을 3분에 달리는 세계에서 가장 짧은

지하철이다. 튀넬 역 앞에 튀넬 광장 ^{Tünel Meydanı}이 있다.

볼거리로는 뉴 이스탄불의 랜드마크인 갈라타 탑, 번화가인 이스티크랄 카데시^(거리), 뉴 이스탄불의 심장인 탁심 광장, 터키 군악대의 연주로 유명한 군사 박물관, 오스만 서구화의 상징 돌마바흐체 궁전, 콘스탄티노플 함락의 전진기지였던 루멜리 히사르 등이 있다.

튀넬 광장 못 밑의 언덕에 뉴 이스탄불의 상징인 갈라타 쿨레시^{(탑)Galata Kulesi}가 우뚝 서 있다. 높이 67m에 꼬깔모자를 쓴 12층 원통형의 이 탑은 1348년에 제노바인들이 세운 탑으로 「그리스도의 탑

Tower of Christ」이라 불렀다. 오스만 시대에 해상 감
시탑, 등대, 감옥으로 사용되다가 지금은 관광용
탑으로 이용되고 있다. 360도 회전하는 꼭대기의
테라스에서 이스탄불의 아름다운 모습을 한눈에
볼 수 있다.

광장 가까이에는 선회무용(세마 춤)을 관람할 수
있는 갈라타·메블라나 박물관이 있다. 그 일대는
오랫동안 터키인 외에 그리스인, 유대인이 함께 산
다민족 거주지대로 모스크와 교회 그리고 유대교
회 시나고그가 공존하고 있다.

17세기 이 탑에서 헤자르펜 아흐메드 첼레비
Hezârfen Ahmed Çelebi가 세계 최초로 인공 날개로 보
아지치 해협을 건너 동이스탄불의 위스퀴다르까
지 비행했다는 일화가 남아 있어 「헤자르펜 탑」이
라고도 불린다.

뉴 이스탄불의 상징
칼라타 탑

보행자의 천국 - 이스티크랄 거리

튀넬 광장에서 탁심 광장까지 2km가 이스티크랄 카데시(거리)Istiklal Cad-
desi로 서울의 명동 같은 이스탄불의 번화가다. 유럽분위기가 짙게
풍기는 이 거리는 차가 다니지 않는 보행자의 천국이다. 돌길 한가
운데 고풍스러운 빨가색의 자그마한 전차가 땡그랑 땡그랑 소리
를 울리며 다닌다. 한 번쯤 타보면 이스탄불 여행의 좋은 추억거리
가 된다.

100년이 훨씬 넘은 오스만 시대의 건축물과 이름 있는 상점이 즐비한 이 거리는 낮에는 쇼핑거리로, 밤에는 환락가로 일 년 내내 사람들이 붐빈다.

이스티크랄 거리는 입구부터 카페, 옷가게, 패스트푸드점이 즐비하게 늘어서 있다. 노천 꽃시장 치첵 파사지^{Çiçek Pasaji}, 생선을 팔고 요리도 먹을 수 있는 수산물시장 발륵 파자르^{Balik Pazari}, 악기상이 늘어서 있는 좁다란 비탈길은 갈라타 탑으로 통한다. 남성들이 자주 찾는 찻집 차이하네^{Chaihane}와 술집 메이하네^{Meyhane}, 그리고 400년 넘는 터키의 고악기를 전시하고 있는 악기 박물관도 있다. 그 뒤쪽에 카페 지역인 「프랑스 거리」가 있다.

탁심 광장의 건물들

이스티크랄 거리의 중간쯤, 오른쪽 골목 안에 오리엔트 특급열차의 역사를 간직한 유서 깊은 「호텔 페라 팔라스Hotel Pera Palas」가 남아있다. 1895년에 프랑스의 국제 침대 열차 회사가 세운 이 호텔은 근대서구적인 쾌적함과 동양적인 신비로움을 갖춘 고급호텔로. 터키 최초의 엘리베이터가 아직도 남아있다. 영국의 에드워드 8세, 미국의 케네디 대통령도 이곳에 머물렀다.

아가사 크리스티가
《오리엔트 특급 살인사건》을 집필한
호텔 페라 팔라스의 로비

세계적인 추리소설가 아가사 크리스티가 이 호텔에서 《오리엔트 특급 살인 사건》[1]을 집필했다 해서 더 유명해졌다. 4층의 411호 실이 「아가사 크리스티 메모리알 룸」으로 그녀가 추리소설을 집필했던 방이다. 그녀의 초상화와 사용했던 책상이 그대로 남아있다. 또한 아타튀르크가 머물었던 101호실은 「아타튀르크 박물관」으로 되어 있다. 제1차 대전에서 프랑스와 독일의 이중간첩으로 활약한 여성 스파이 마타 하리가 묵었던 방은 「마타 하리 룸」이라는 문패가 붙어있다.

이스티크랄 거리의 북쪽 끝에 뉴 이스탄불의 심장 탁심 광장 Taksim Meydanı이 있다. 광장의 중심에 구국전쟁과 공화국의 설립을 주제로 한 높이 12m의 「공화국의 기념탑」이 서 있다. 광장 주변에 대형 호텔, 빌딩, 카페, 레스토랑, 모스크, 교회, 은행, 극장, 많은 상점이 모여 있다.

---

1) 80권의 추리소설을 쓴 아가사 크리스티가 사망하기 2년 전인 1934년에 발표한 작품. 명탐정 에르퀼 푸아로가 런던행 오리엔트 특급열차에서 살인사건을 만나는 이야기이다.

군사 박물관과 군악대의 연주

탁심 광장의 북쪽으로 조금 떨어져서 1959년에 오스만 시대의 왕실 사관학교를 개조하여 개관한 군사 박물관이 있다. 12세기부터 20세기까지의 무기, 군복, 군기, 전쟁그림 등 약 5만 점을 소장하고 있는 박물관이다. 비잔틴군이 오스만 해군의 할리치 진입을 막기 위해 설치했던 대형 쇠사슬도 있다.

이 박물관 소속 군악대 메흐테르하네^{Mehterhane}의 연주가 유명하다. 매일 일정 시간에 영상으로 오스만 제국의 역사를 소개한 다음에 오스만 제국의 군악 메흐테르 〈젯딘 데덴, 네슬린 바반^{Ceddin}

deden neslin baban(젯딘 할아버지, 네슬린 아버지)〉을 연주한다. 화려한 갑옷과 투구로 치장한 군악대는 나팔, 북, 피리 외에 타악기를 사용한다.

　14세기에 창설된 터키 군악대는 유럽원정 때 전장에서 오스만군의 사기를 높이는데 이바지했다. 18세기에는 유럽의 여러 나라도 군악대를 도입했을 뿐만 아니라 타일, 카펫, 소파 등 동양적인 색채가 짙은 터키풍이 크게 유행했다. 터키행진곡은 2박자가 기본이다. 터키 군악의 독특한 리듬은 중앙아시아의 초원을 달리던 유목민의 말굽 소리에서 유래했다고 한다. 유명한 모차르트와 베토벤의 〈터키행진곡〉은 오스만군악대의 리듬을 살려 작곡한 것이다.

군사 박물관 소속의
유명한 군악대 메흐테르하네

크리스털 계단이 있는 환영의 방

화려한
돌마바흐체 궁전

오스만 제국의 번영과 서구화의 상징

보아지치 해협의 유럽 쪽 연안의 갈라타 다리와 보아지치 대교의 중간에 돌마바흐체 궁전Dolmabahçe Sarayı이 화려한 자태를 뽐내고 있다. 터키어로 돌마는 '메운다', 바흐체는 '정원'이란 뜻으로 '매립 공원'을 뜻하는 돌마바흐체라는 이름은 1614년 제14대 술탄 아흐메드 1세Ahmed I(1590~1617)가 매립지에 작은 정자와 정원을 만들면서 붙인 것이다.

돌마바흐체 궁전은 오스만 제국의 서구화를 적극 추진한 제31대 술탄 압뒬메지드 1세Abdülmecid I(1823~1861)가 1843년에 착공, 13년 걸려서 1856년에 완공했다. 빈의 합스부르크가의 쇤부른 궁전이나 파리의 벨사이유 궁전을 연상케 할 만큼 매우 화려하다.

오스만 고유의 건축양식과 유럽풍의 바로그 양식을 절충하여 흰 대리석으로 만든 장려한 이 궁전은 부지 넓이가 2만 5천㎡에 건평이 1만 5천㎡나 된다. 길이 600m의 궁전이 해협에 떠있는 것처럼

보여 「물의 궁전」이라고도 불린다.

궁전 입구 곁에 1890년에 제33대 술탄 압뒬하미드 2세^(1842~1918)가
바로크 양식으로 세운 높이 27m의 시계탑이 서 있다.

화려하게 단장한 「제국의 문」을 들어서면 중앙에 분수가 있는
아름다운 정원이 나오고 그 안쪽에 하얀 궁전이 서 있다.

이 궁전은 중앙에 행사장으로 사용한 큰 홀인 「황제의 방」이 있
고 그 양쪽에 국사를 본 셀람릭^{Selamlık}과 술탄 가족이 거주하는 하
렘^{Harem}이 있다. 285개의 방과 43개의 홀, 6개의 욕실, 6개의 테라스
가 있는 대궁전이다.

화려한 내부 장식

궁전의 내부는 수십 톤의 금으로 치장한 벽과 천장, 14톤의 금과
40톤의 은으로 만든 4.5m의 초대형 샹들리에, 280개의 화병, 156개
의 시계, 58개의 크리스털 촛대, 4천㎡의 초대형 카펫, 220점의 카
펫, 그리고 호화로운 가구로 화려하게 꾸며놓았다.

가구는 파리, 카펫은 터키의 헤레케와 프랑스의 리용, 도자기는
프랑스의 세브르, 크리스털은 오스트리아의 바카라, 촛대는 런던에
주문하여 특별히 만든 초일류 제품들이다.

궁전 안으로 들어서면 프랑스제의 큰 샹들리에가 걸려있는 「환

파란 유리 창을 통해 보이는
보아지치 해협

영의 방」이 나온다. 「붉은 방」이라고도
불리는 이 방에 베네치아제 크리스털로
장식된 화려한 계단이 있다. 이 계단을
올라가면 2층에 「대사의 방」, 「술탄의 욕
실」, 「중앙 연회장」이 차례로 나온다. 외
국대사를 공식 접견할 때 사용한 「대사
의 방」은 천장의 장식이 아름답다. 술탄
의 욕실은 이집트에서 보내온 설화석고
로 꾸며져 있다.

궁전 중앙에 있는 「황제의 방」이라고 불리는 중앙 연회장은 길이
45m, 폭 40m의 큰 홀이다. 높이 36m나 되는 천장에 영국 여왕 빅토
리아 2세가 기증한 무게 4.5톤에 750개의 등이 달린 화려한 샹들리
에가 걸려 있다. 세계에서 가장 큰 샹들리에다. 제국회의나 술탄의
대관식이 열렸던 홀이다. 바닥에 터키에서 두 번째로 큰 124㎡의 헤
레케 카펫이 깔려있다. 하렘에는 황태후의 접견실, 블루 살롱과 핑
크 살롱이라고 불리는 큰 홀, 그 곁에 오스만식 욕장 하맘이 있다.

궁전의 곳곳에 오스만 제국의 번영과 서구화를 갈구했던 술탄
의 의도가 엿보인다. 지나치게 화려한 이 궁전은 오스만 제국의 재
정을 어렵게 만들어 국력 쇠퇴의 원인이 됐다.

이 궁전은 터키 공화국이 수립된 후, 초대 대통령 아타튀르크가
관저로 사용했다. 그는 1938년 11월 10일에 이 궁전의 하렘에 있는
71호실에서 사망했다. 현재 궁전 내의 모든 시계가 그의 임종시간
9시 5분을 가리키고 있다.

아름다운 성 루멜리 히사르

돌마바흐체 궁전의 동쪽, 제2 보아지치 대교의 유럽 쪽 입구에 서 있는 루멜리 히사르^(요새)Rumeli Hisarı는 1452년에 메흐메드 2세가 콘스탄티노플을 공격하기 위해 4개월 만에 세운 요새다. 그 건너 아시아 쪽 연안에 아나돌루 히사르가 마주 보고 있다. 성벽에 3개의 큰 탑과 14개의 작은 탑을 세워 해협을 드나드는 배를 감시하고 물자 수송을 통제했다.

16세기 이후 감옥으로 사용하다가 폐허가 된 것을 1953년에 콘스탄티노플 정복 500주년을 기념하여 복원해 지금은 박물관으로 사용하고 있다.

1452년 술탄 메흐메드 2세가
세운 루멜리 히사르

마르마라 해 입구의 처녀 탑

이스탄불의 아시아 지역

14

보아지치 해협과 마르마라 해를 낀 아늑한 주택지

'**위**스퀴다르 기데리켄 알드다 빌 야아물^(위스퀴다르 가는 길에 비가 내리네)'
로 시작되는 경쾌한 리듬의 터키 민요 〈캬팁^{Katibim}〉의 무대
가 이스탄불의 아시아지역인 동이스탄불이다.

> '위스퀴다르 가는 길에 비가 내리네
>
> 내 임의 외투 자락이 땅에 끌리네
>
> 내 임이 잠에서 덜 깨어 눈이 감겼네
>
> 우리 서로 사랑하는데 누가 막으리
>
> 내 임의 깃달린 셔츠도 너무 잘 어울리네'^(이하 생략)

이 노래는 캬팁^(공무원)을 사랑한 아리따운 터키 처녀가 위스퀴나르
에서 마르마라 해 건너 서이스탄불을 바라보며 애틋하게 임을 기다
리며 부른 사랑의 노래다. 1950년대 우리나라에서도 한때 유행했다.

보아지치 해협의 제2대교

동이스탄불은 보아지치 해협 연안의 별장지대를 제외하고는 대부분이 주거지역이다. 유럽지역인 서이스탄불에서 동이스탄불로 가려면 해협에 걸려있는 세계에서 일곱 번째로 긴 현수교 보아지치 대교(제1 대교)나 파티흐 대교(제2 대교)를 건너야 한다. 길이 1,500m, 폭 33m, 높이 64m의 이 거대한 대교는 각각 하루 약 25만대의 차량과 약 70만 명의 사람이 넘나든다. 흥미로운 것은 동이스탄불로 갈 때만 통행료를 내고 올 때는 무료다. 올드 이스탄불의 에미노뉴나 뉴 이스탄불의 카바타슈 선착장에서 페리를 이용하여 동이스탄불의 위스퀴다르나 카드쾨이로 갈 수 있다.

뉴 이스탄불에서 보아지치해협의 제1대교를 건너 동이스탄불의 남서로 향하면 위스퀴다르 지구가 나온다. 위스퀴다르^{Üsküdar}는 해협의 햇빛이 반사돼 도시가 황금같이 빛난다 해서 「황금의 도시」라고 불린다. 해가 지는 석양 무렵에 위스퀴다르에서 본 서이스탄불의 모스크와 첨탑의 실루엣은 한 폭의 그림처럼 아름답다.

위스퀴다르는 아시아 대륙의 맨 끄트머리에 있어 동양에서 오는 모든 길이 이곳에서 끝난다. 이 일대는 이스탄불의 전형적인 주거지로 오래된 목조 가옥들이 많다.

볼만한 곳

위스퀴다르의 선착장 앞 광장에 튤립 시대[2]의 주인공인 제23대 술탄 아흐메드 3세^{Ahmed III(1703~1730)}의 기념 우물이 남아있다. 그 남쪽에 그의 어머니를 위해 지은 예니 발리데 자미^{Yeni Valide Camii}가 서 있고 동쪽에는 1728년에 쉴레이만 황제가 왕녀를 위해 세운 미흐리마흐 술탄 자미^{Mihrimah Sultan Camii}가 서 있다. 또 광장의 동북쪽 1km 떨어진 곳에 1710년에 제12대 술탄 무라드 3세^{Murad III(1546~1595)}가 그의 어머니 누르 바누^{Nur Banu}를 위해 지은 아틱 발리데 자미^{Atik Valide Camii}가 서 있다. 오스만 시대의 유명한 건축가 미마르 시난의 작품이다.

선착장의 오른쪽 마르마라 해 입구에 처녀가 뱀에 물려 죽었다는 슬픈 전설이 남아있는 「처녀의 탑」이라고 불리는 작은 탑 크

---

2) 오스만 제국의 술탄 아흐메드 3세가 집권한 1718년부터 1730년까지로 이 시대에 이스탄불의 곳곳에 튤립을 심었다 해서 튤립 시대라고 불렀음.

즈 클레시^{Kız Kulesi}가 떠있다. 12세기에 만든 인공 섬에 있는 이 탑은 등대, 감옥 등으로 사용됐으나 지금은 관광객을 맞는 레스토랑이 있다.

제1 보아지치 대교가 있는 아시아 쪽 해안에 제32대 술탄 압뒬아지즈^{Abdülâziz(1861~1839)}가 1865년에 대리석으로 지은 유럽풍의 여름별장 베일레르베이 궁전^{Beylerbeyi Palace}이 있다. 베일레르베이는 터키어로 '최고 신사'라는 뜻이다. 6개의 홀과 24개의 방, 그리고 하렘이 있는 이 궁전은 이집트의 카펫, 보헤미안 글라스의 샹들리에로 화려하게 꾸며져 있다. 정원에 압뒬아지즈의 동상이 서 있다.

　궁전 뒤에 이스탄불에서 가장 높은 참르자 언덕Çamlıca Tepesi이 있다. 참은 터키어로 '소나무'를 뜻한다. 해발 276m의 이 언덕은 서울의 남산처럼 이스탄불의 전망대로 시민의 사랑을 받고 있는 휴식처다. 언덕의 꼭대기에 오스만풍의 차이하네도 있다. 그밖에 여름 피서지로 호화로운 별장이 많다.

카드쾨이 지구

위스퀴다르의 남쪽이 카드쾨이Kadikoy 지구다. 이곳에 올드 이스탄불에서 오는 페리가 도착하는 선착장과 유럽에서 오는 기차의 아시아 쪽의 종착역 하이다르파샤Haydarpaşa가 있다. 유럽에서 온 열차는 이스탄불의 유럽 쪽의 시르케지 역에 도착하면 승객은 페리로 바다를 건너 아시아 쪽 선착장 옆에 붙어있는 하이다르파샤 역에 도착한다. 앙카라로 가는 특급 침대열차가 발착하는 것도 이 역이다. 카드쾨이에는 뉴 이스탄불의 이스티크랄 거리처럼 전차가 다닌다.

보아지치 해협 입구의 언덕에 크리미아 전쟁[3]때 「백의의 천사」 플로렌스 나이팅겔Florence Nightingale(1820~1910)이 봉사했던 야전병원이 있다. 지금은 터키 육군 제1사령부 건물이다. 간호제도의 개혁자 나이팅겔은 영국인으로 부모가 이탈리아 여행 중 피렌체에서 낳았기 때문에 플로렌스(Florence : 피렌체의 영어 이름)라는 이름을 갖게 됐다.

카드쾨이의 비잔틴 시대의 이름은 그리스어로 칼케돈Chalcadon이다. 451년에 제4차 종교회의(칼케돈공의회)가 열렸던 곳이다. 이 종교회의에서 그리스도에게 신으로서의 속성인 신성神性만 있다는 단성론單性論과 육체를 가진 인간으로서의 속성인 인성人性과 함께 하느님의 아들로서 신성을 가진다는 양성론兩性論이 정면으로 대립했다. 격론 끝에 예수의 양성론이 인정됐다. 그밖에 성모 마리아의 호칭은 하느님의 어머니 테오토코스Theotokos, 그리스도의 성육화Incarnation, 삼위일체, 성화상의 공경 등 중요한 기독교의 교리인 〈칼케톤 신조〉가 결의됐다. 325년에 삼위일체를 확정한 니케아Nikaia공의회와 함께 기독교 역사에서 매우 중요한 종교회의다.

---

3) 러시아가 흑해에서 지중해로 진출하기 위한 제해권을 확보하기 위해 오스만·영국·프랑스·프로이센 연합군과 싸워 패배한 전쟁으로 1856년의 파리조약으로 흑해와 보아지치 해협의 중립화가 확정되어 러시아의 남하정책이 좌절되었다.

아나돌루 히사르

보아지치 해협의 유럽 쪽 연안의 루멜리 히사르를 마주 보고 서 있
는 아나돌루 히사르^{Anadolu Hisari}, 이곳은 콘스탄티노플을 공격하기
위해 1393년에 제4대 술탄 바예지드 1세^{Bayezid I(1360년~1403년)}가 세운 요
새로 현재는 공원이 되어있다.

1939년
술탄 바예지드 1세가 세운
아나돌루 히사르

마르마라 해 연안의 키날리 섬 해변

마르마라 해 연안

15

오스만 제국의 요람이며 터키인의 마음의 고향

터키의 북서부, 아시아와 유럽 사이에 자리한 동서 280㎞, 남북 80㎞의 마르마라 해^{Marmara Denizi}는 북동은 보아지치 해협을 통해 흑해와, 남서는 차낙칼레 해협^{Çanakkale Boğazı}을 통해 에게 해와 연결돼있는 내해內海다. 「마르마라」라는 이름은 '대리석'을 뜻하는 그리스어 마르마로스^{marmaros}에서 유래됐다.

「대리석 바다」 마르마라 해는 북쪽 연안에 이스탄불, 동쪽에 리조트로 유명한 왕자들의 섬, 서쪽에 대리석 산지인 마르마라 섬들이 있다. 기후가 온화하여 해안의 연안 일대는 이스탄불 시민의 휴양지로 유명하다. 마르마라 해의 연안 일대는 오스만 제국의 요람이며 터키인의 마음의 고향이다. 이 바다의 아시아 쪽에 오스만 제국의 도읍지 쇠위드, 첫 번째 수도인 부르사, 타일의 신지 이즈닉과 카펫 산지로 유명한 헤레케가 있고 유럽 쪽에 두 번째 수도인 에디르네가 있다.

오스만 1세

마르마라 해의 동남에 자리한 오스만 제국의 도읍지. 쇠위트^{Söğüt}
는 1299년에 룸 셀주크의 뒤를 이어 오스만 부족의 족장 오스만
1세^(Osman I, 1258~1324)가 오스만 왕국을 세운 곳이다. 오스만은 터키어로
'강한 힘을 가진 자'를 뜻한다. 이곳은 오스만 제국의 발상지인데도
지금은 별로 볼거리가 없는 작은 농촌 마을로 변해있다. 중앙 광장
에 기마유목민 출신답게 말 탄 오스만 1세의 기념 동상이 서 있다.

초록 도시 부르사

마르마라 해의 남쪽 내륙의 높이 2,543m의 울루 산자락에 자리한 브
르사^{Bursa}는 오스만 제국의 첫 번째 수도로 공원과 정원이 많고 평야
로 에워싸여 있어 주변 전체가 푸르다 해서 녹색 부르사^{(예실 부르사Yeşil}
^{Bursa)}라고 불린다. 터키에서 4번째로 큰 도시^(인구 270만 명)로 이스탄불
다음으로 오스만 시대의 역사적 기념물과 건축물이 많다. 또한, 비
단과 타월의 생산지며 식품가공·전자·자동차산업의 중심지다.

볼거리로는 시내중심에 실크로드 대상의 숙소였다가 지금은 비
단 시장이 된 카라반사라이 코자한^{Koza Han}, 청록색 타일을 입힌 팔
각형 건물로 된 제5대 술탄 메흐메드 1세의 영묘인 녹색 무덤 예시
르 튀르베^{Yeşil Türbe}, 오스만 제국의 역대 술탄들의 무덤이 모여 있
는 무라디에^{Muradiye}, 외관이 아름다워 「부르사의 보석」이라고 불리
며, 내벽이 연한 초록 타일로 장식돼있어 「초록 모스크」라고도 불리
는 15세기에 지은 예시르 자미^{Yeşil Camii}가 있다.

그 곁에 14세기 말에 룸 셀주크 양식으로 지은 「부르사의 진주」
울루 자미^{Ulu Camii}가 서 있다. 큰 돔이 없고 20개의 작은 돔으로 된

이 모스크는 내부 벽이 192개의 캘리그래피로 꾸며져 있어 매우 인상적이다. 예배 전에 손발을 씻는 우물이 모스크 안에 있다.

부르사는 구운 고기와 얇은 빵에 토마토 소스와 요구르트를 뿌려서 먹는 터키 전통요리 이스켄데르 케밥Iskender Kebab의 발상지다. 가죽인형으로 연출하는 전통 인형극 카라괴즈Karagöz도 유명하다.

유럽과 아시아의 관문 에디르네

마르마라 해의 동쪽의 그리스 국경 가끼이에 오스만 제국의 두 번째 수도 에디르네Edirne가 자리한다. 에디르네의 옛 지명은 아드리아노플Hadrianople로 125년에 로마황제 하드리아누스가 건설한 고도다.

예로부터 아시아와 유럽 대륙의 출입구 역할을 해온 관문이었다. 1453년 콘스탄티노플로 수도를 옮길 때까지 90년 동안 오스만 제국의 두 번째 수도였다. 당시 인구가 35만 명으로 파리나 런던에 버금가는 유럽 7대 도시의 하나였다. 지금은 인구 13만 명의 지방 도시로 변해있다.

에디르네의 상징은 도심의 언덕에 있는 셀리미예 자미^{Selimiye Camii}다. 술탄 셀림 2세의 지시로 1569년에 착공하여 1575년에 완공한 이 모스크는 이스탄불의 쉴레이마니예 자미를 지은 대건축가 미마르 시난의 작품이다. 오스만 건축의 최고 걸작으로 평가받고 있는 이 모스크를 2010년에 유네스코는 터키의 10번째 세계문화유산으로 지정했다. 아야 소피아 대성당보다 더 큰 지름 31.5m의 큰 돔과 8개의 기둥에 지름 13m의 8개의 아치로 구성돼 있다. 높이 71m의 네 개의 첨탑은 「완벽한 미의 기념비」라고 불릴 정도로 아름답다.

셀리미예 자미(세계문화유산)와
건축의 대가
미마르 시난의 조각상

MİMAR KOCA SİNAN

그밖에 볼거리로 15세기에 지은 이스탄불의 톱카프 궁전 다음으로 큰 에디르네 궁전Edirne Saray, 1414년에 제7대 술탄 메흐메드 1세가 완공한 에디르네에서 가장 오래된 에스키 자미Eski Camii, 재래시장 알리 파샤, 터키인의 옛 생활을 엿볼 수 있는 고고학 박물관, 1923년 연합군과의 로잔 조약 체결을 기념하여 세운 로잔 기념비Anit Lozan가 있다. 에디르네는 매년 여름에 열리는 650년 전통의 터키 국기인 오일레슬링 야울 귀레쉬Yağlı Güreş가 유명하다. 이것은 레슬링과 씨름을 합친 경기로 선수들이 몸에 미끄럽고 번들거리는 올리브기름을 칠하고 초원에서 서로 잡고 겨룬다.

왕자들의 유배지

보아지치 해협에서 마르마라 해로 나가면 아시아 쪽 해안에 아홉 개의 섬이 모여 있는 왕자들의 섬Kızıl Adalar이 있다. 에미노뉴 선착창에서 페리로 쉽게 갈 수 있다.

섬 중에서 뷔윅아다Büyükada 섬이 가장 크고 유명하다. 비잔틴·오스만 시대에는 왕자와 귀족들의 유배지였다. 지금은 이스탄불 시민의 피서지로 애용되고 있다. 이 섬에는 자동차가 없다. 마차나 자전거나 요트를 빌려서 섬을 둘러볼 수 있고 해변의 비치에서 해수욕을 즐길 수도 있다. 이 섬은 적군파의 창시자로 레닌과 함께 혁명을 승리로 이끌었던 러시아 혁명의 지도자 레온 트로츠키Leon Trotsky(1879~1940)가 1929년에 터키로 망명을 왔을 때 숨어 살았던 곳이다. 당시에 이 섬은 작은 어촌이었다. 1933년에 그는 터키를 떠나 프랑스를 거쳐 멕시코로 망명했으나 1940년에 암살됐다.

타일로 유명한 이즈닉

부르사에서 동으로 차로 1시간 30분, 이즈닉 호수의 호반에 오스만 시대에 푸른 타일의 생산지로 유명했던 타일의 도시 이즈닉^{Iznik}이 있다. 옛 이름은 니케아^{Nicaea}였다. 기원전 4세기에 건설된 헬레니즘 시대의 도시로 제4차 십자군이 콘스탄티노플을 점령하고 라틴 제국^{Latin Empire(1204~1261)}을 세웠을 때 비잔틴 제국의 임시수도였다.

이즈닉에서 기독교 역사에 매우 중요한 종교회의가 두 번이나 열렸다. 하나는, 325년의 제1차 니케아공의회로 이 회의에서 기독교의 중요한 교리 중의 하나인 성삼위일체^{聖三位一体 4)}와 니케아신경^{信經}이 결정됐다. 또 하나는 787년에 열린 제2차 니케아 공의회의로 이 회의에서 그동안 금지돼왔던 이콘(성화상)의 공경을 우상숭배가 아니라는 결정을 내렸다.

볼거리로는 보존상태가 좋은 고대 로마 시대의 성벽, 4세기 비잔틴 제국의 유스티아누스 황제 때 지은 아야 소피아 교회^{Ayasofya}, 예실 자미^{Yeşil Camii}, 이즈닉 박물관 등이 있다. 오스만 시대에 이곳은 푸른색과 흰색이 조화된 독특한 꽃무늬나 풀잎 무늬의 이즈닉 타일의 생산지로 유명했다. 오스만 시대에 궁전이나 모스크의 내부는 주로 이즈닉 타일로 장식했다. 18세기 이후 타일 생산이 중지돼 지금은 타일 대신에 찻잔, 다과용 식기 등을 생산하고 있다.

---

4) 하느님(성부)과 그의 아들 예수(성자)와 성령(성신)은 하나라는 교리로 이것은 예수는 하느님이고 인간이며 성부와 같은 실체에 속한다는 기독교 핵심 교리 중 하나이다.

실크 카펫의 명산지 헤레케

이스탄불의 남동쪽으로 60㎞쯤 내려오면 터키 실크 카펫으로 유명한 헤레케Hereke가 있다. 페르시아 카펫이 세계적으로 유명하지만, 페르시아는 터키로부터 카펫의 제조기술을 배웠다. 페르시아 카펫 못지않게 터키 헤레케 카펫도 품질이 좋고 예술성이 높아 세계적으로 유명하다

카펫은 면, 실크, 양모로 짠다. 매듭이 하나인 페르시아 카펫과 비교해 터키 카펫은 매듭을 두 개로 짜기 때문에 그만큼 단단하다. 색깔도 다채로우며 무늬가 그림처럼 섬세하다. 카펫은 1㎠에 매듭이 몇 개 있느냐로 가격이 결정된다.

카펫의 역사는 중앙아시아의 유목민 시대로 거슬러 올라간다. 수시로 옮겨 다녀야 하는 유목민은 텐트를 세우고 바닥에 카펫을 깔았다. 카펫은 유목민의 생활필수품이며 유산이다.

털이 있는 두툼한 커다란 카펫 외에 매듭 없이 평직으로 짠 얇고 털이 없는 작은 카펫 킬림Kilim이 있다. 실과 염색은 카펫과 같으나 최근에는 오론이라는 화학섬유를 사용하기도 하니 주의해야 한다. 카펫은 겨울용이고 킬림은 여름용이라 할 수 있다. 킬림은 가볍고 쉽게 접을 수 있어 이슬람교의 기도용 깔개 셋자데Seccade로도 이용되고 있다. 헤레케 카펫은 이스탄불의 톱카프나 돌마바흐체 궁전이 많이 소장하고 있다.

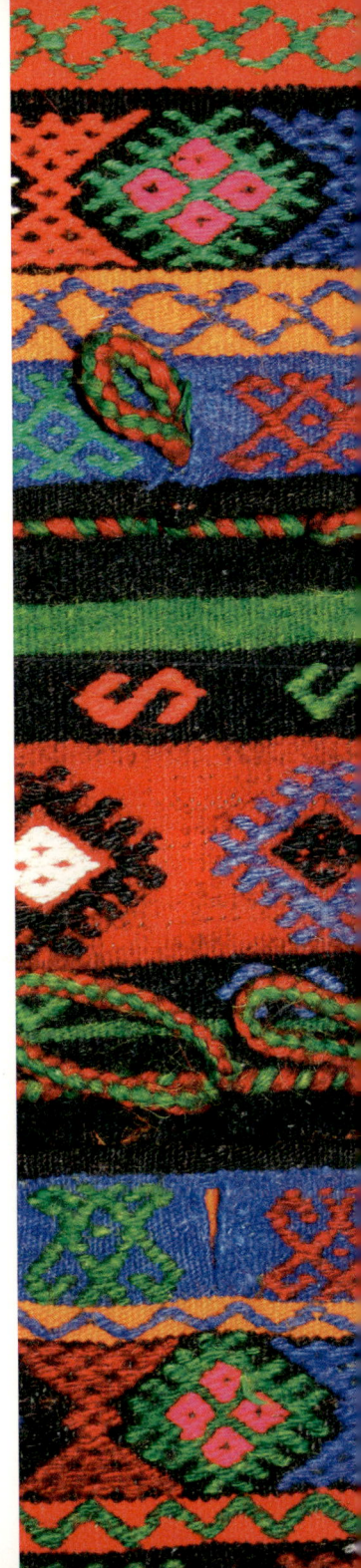

ANKARA

터키의 수도 앙카라

한국공원 입구에서 만난 터키인

수도
앙카라

앙고라 염소와 모피로 유명했던 지방도시

16

중부 터키의 광대한 아나돌루 고원의 중심에 자리한 앙카라는 20세기 초까지만 하더라도 인구 2만 5천 명밖에 안 되는 지방 도시로 털이 유난히 길고 부드러운 앙고라 염소와 모피로 유명했던 곳이었다. 1923년 터키 공화국의 탄생과 더불어 수도가 되면서 앙카라는 급속히 발전하여 지금은 인구 390만 명의 터키 제2의 도시로 정치·외교·행정의 중심이 됐다.

이스탄불에서 동으로 450㎞, 앙카라까지 고속버스나 기차로 7시간, 비행기로는 1시간 걸린다. 동 이스탄불에서 출발하는 기차는 「달리는 호텔」로 이름난 특급 침대열차다. 고속버스로 가면 광대한 고원을 달리는 데 도중에 터널이 하나도 없다.

앙카라는 이스탄불과는 역사도 민족도 생활 풍습도 다르다. 앙카라가 자리한 중부 고원 일대는 청동기시대에는 하티 족Hatti, 기원전 17세기부터는 히타이트 족Hittites이 지배했던 땅이다.

앙카라는 기원전 9세기 「황금의 손」으로 우리에게 알려진 프리기아 전설의 왕 미다스Midas가 세운 도시다. 기원전 6~5세기의 페르시아 시대에는 페르시아와 아나돌루를 잇는 「왕의 길」[1]의 교통 요충지로 크게 번성했다. 4~10세기의 비잔틴 시대에는 군사 요충지였으며 11세기 이후의 롬 셀주크 시대와 15세기 이후의 오스만 시대에는 실크로드의 교역 중심지였다. 옛 이름은 켈트어로 '바다를 사랑한다'는 뜻의 안큐라Ancyra였으며 비잔틴 시대에 앙고라Angora가 됐다가 오스만 시대에 앙카라Ankara로 바뀌었다.

앙카라의 볼거리

앙카라 중심에 아타튀르크 대로가 남북으로 길게 뻗어있다. 그 북부가 울루스Ulus지구로 로마 시대에 개발된 구시가다. 남부는 예니세히르Yenişehir지구로 터키 공화국의 수도가 된 후 개발된 신시가다.

울루스에는 앙카라 성, 야외극장, 아우구스투스 신전, 율리아누스의 기둥 등, 로마 시대 유적과 유명한 아나돌루 문명 박물관이 있다. 예니세히르에는 아타튀르크 기념관, 정부 청사, 외국 공관 그리고 최신 빌딩들이 많다.

기후는 대륙성 기후로 봄과 가을에 비가 많이 내리고 겨울에는 매우 춥고 영하 섭씨 20도 이하로 내려갈 때도 잦다.

앙카라는 신도시여서 역사적 유적이나 볼거리가 별로 없다. 관광명소로 터키 국부 아타튀르크 무스타파 케말의 영묘와 기념관, 세

---

1) 페르시아의 수도 수사와 아나돌루의 사르디스를 잇는 2,457km의 길

계적으로 히타이트 문명 유물을 가장 많이 소장하고 있는 아나돌루 문명 박물관, 터키의 역사·민속·예술에 관한 작품들을 전시하고 있는 민속박물관, 그리고 한국공원 등을 들 수 있다.

아타튀르크 기념관과 무덤

앙카라 시내가 내려다보이는 신시가의 숲이 우거진 언덕에 무스타파 케말 아타튀르크^{Mustafa Kemal Atatürk(1881~1938)}의 영묘 아느트카비르^{Anıtkabir}가 웅장한 모습으로 서 있다. 658만㎡의 넓은 승리의 광장에 24마리의 히타이트 사자 조각이 나열해 있는 260m의 참배 길이 뻗어있고 그 끝에 신전처럼 보이는 아타튀르크 기념관이 서 있다. 그 곁에 터키 국민의 화합과 평화를 상징하는 「독립의 탑」과

앙카라 신시가의
숲이 우거진 언덕에 있는
무스타파 케말 아타튀르크의 영묘
아느트카비르

「자유의 탑」이 서 있다. 기념관 지하의 명예전당에 그의 유해가 안치돼 있다. 육해공 삼군으로 구성된 위장병의 교대의식이 외국관광객의 인기를 끈다.

터키의 국부 무스타파 케말 아타튀르크

그는 1881년에 지금은 그리스 땅이 된 살로니카에서 태어났다. 이스탄불의 육군사관학교와 육군대학을 졸업한 그는 성적이 매우 우수하여 성숙하다'는 뜻의 「케말Kemal」이라는 별명을 얻었다.

제1차 대전 중 1915년에 차착칼레 해협의 갈리폴리 전투The Battle of Çanakkale에서 터키군이 영국과 프랑스 연합군과 싸워 이겼다. 이 때 총사령관이 무스타파 케말 파샤(장군)였다.

패전국이 된 오스만 제국을 분할·식민지화하려는 연합군에 대항하여 1920년에 독립전쟁을 전개하여 터키를 구출한 그는 1923년 10월 29일에 터키 공화국을 수립했다. 초대 대통령이 된 그는 정치와 종교의 분리를 비롯하여 터키의 근대화 개혁을 단행하여 새로운 터키의 기초를 닦았다. 1938년 11월 10일 이스탄불에서 사망했을 때 그의 나이 58세였다. 터키의 국부(아타튀르크)[2]로 존경을 받아 곳곳에 아타튀르크를 기리는 동상과 기념물이 서 있으며 거리와 다리에 그의 이름이 붙어 있다.

터키 국민의 화합을 상징하는 「자유의 탑」

---

2) 1933년 국회로부터 '터키의 국부'를 뜻하는 「아타튀르크」라는 칭호를 받았다.

아나돌루 문명 박물관

앙카라 성의 남쪽 기슭에 고고학에 관심이 없더라도 꼭 봐야 할
박물관이 있다. 아나돌루의 역사와 문명의 흐름을 볼 수 있는 아
나돌루 문명 박물관Anadolu Medeniyetleri Müzesi이다. 「히타이트 박물관」
이라고 불릴 정도로 인류 처음으로 철을 제조·사용하여 철기문명
을 꽃피운 히타이트 족의 유물을 세계적으로 가장 많이 소장하고
있다.

태양을 상징하는 사슴상
−아나돌루 문명 박물

　구석기시대의 석기·골기·벽화, 신석기시대의 착색 토기·대리석
조각, 청동기시대의 구리로 만든 조각·금은 장식품, 차탈회윅에서
출토된 신석기시대의 프레스코 그림, 히타이트 시대의 돈을새김 등
고대부터 기원전 500년까지의 귀중한 유물을 전시하고 있다.

유해가 안치돼있는 기념관
지하의 명예전당

차탈회윅 유적에서 출토된
6,500년 전의 풍요를 상징하는
〈대지모신〉

전시된 유물 중 특히 눈길을 끄는 것은 차탈회윅 유적에서 출토된 6,500년 전의 대지를 다스리는 여신이자 풍요를 상징하는 여신인 「대지의 어머니 여신大地母神」[3]의 좌상이다. 이 여신상은 매우 살진 몸에 풍만한 유방을 가졌으며 의자에 다리를 벌리고 앉아 있다. 양 다리 사이에 보이는 둥근 덩어리가 막 태어난 아기를 나타낸 것이다. 그밖에 터키 독립전쟁과 터키 공화국의 건국 자료를 전시하고 있는 독립전쟁 박물관도 볼만하다.

앙카라는 「장군 피데」가 유명하다. 피데는 터키식 피자로 토핑에 따라 치즈 피데, 해산물 피데, 쇠고기 피데 등 그 종류가 많다. 이탈리아 피자보다 기름기가 적어 맛이 담백하다.

한국공원

한국공원Kore Bahㅇe은 1971년 서울과 앙카라가 자매결연 기념으로 세운 것이다. 9m 높이의 4층 탑인 「한국전쟁 터키참전 기념탑」에 전사자의 이름과 생년월일이 새겨져 있다. 그 앞의 좌대에 부산 유엔군 묘지의 터키용사 무덤에서 가져온 흙이 담겨있다.

터키인은 한국을 카르데쉬 율케(형제의 나라), 한국인을 칸카르데쉬 Kankardesh(피를 나눈 형제)라고 부른다. 한국전쟁에 참전한 유엔군 16개국 중에서 터키는 미국, 영국 다음으로 많은 1만 5천 명의 보병을 파병했다. 전쟁 희생자가 전사자 721명, 부상자 2,147명, 실종자 175명,

---

3) 인류 초창기의 모계사회에 만물을 생산해 내고, 자라게 하는 대지를 어머니처럼 생각하고 숭배한 여신. 지모신이라고 함.

포로 346명에 이르렀다.

영동고속도로의 마성 나들목 고갯마루에 「터키군 참전 기념탑」이 서 있다. 기념비에 '유엔군의 기치를 들고 터키군은 한국의 자유와 세계평화를 위해 침략자와 싸웠다. 그들 전사상자 3,064명의 고귀한 피는 헛되지 않으리라.'고 새겨져 있다. 부산 유엔군 묘지에는 터키군 462구의 유해가 안치돼 있다. 여의도^(지하철 9호선 샛강역 앞)에 「앙카라 공원」이 있다.

부산 터키용사 무덤에서
가져온 흙이 담겨있는
한국공원의 좌대

태양신을 신앙하고 있는 히타이트 제국의 투타리아 왕의 돌을새김 - 히타이트의 성소

보아즈칼레의 고대 유적

고대 히타이트인의 꿈의 흔적

17

앙카라에서 동으로 220㎞, 중부 아나돌루 고원 구릉지대의 작은 마을 보아즈칼레^{Boğazkale}에 하투샤^{Hattuša}와 야즐르카야 ^{Yazılıkaya} 유적이 있다. 보아즈칼레는 터키어로 '좁은 계곡에 있는 성' 이라는 뜻이다. 가는 도중에 사막화되고 있는 황무지와 그 사이사 이에 밀밭이 이어져 있는 아나돌루 고원의 색다른 풍광이 지루함 을 덜어준다.

하투샤는 인류사상 최초로 철기시대를 연 고대 히타이트 제국 의 도읍지다. '그림이 새겨진 바위'를 뜻하는 야즐르카야는 신전 흔 적이 남아 있는 하투샤의 성지다. 1986년에 유네스코 세계문화유 산으로 지정됐다.

히타이트 족은 인도 유럽어족으로 기원전 2,000년 무렵 흑해를 건너 아나돌루에 침입해 정착한 후 히타이트 제국을 세워 기원전 1,200년까지 수도 하투샤를 중심으로 아나돌루, 시리아, 바빌론 일

대를 지배했다. 히타이트 족은 구약성서의 창세기에 가나안 지역의
열 두 종족 중의 하나인 헷 족^{Heth}으로 나온다.⁴⁾ 헷은 '빛의 땅'이라
는 뜻이다. 구약성서에 아브라함이 그의 부인 사라가 죽자 헷 사람
으로부터 막베라 동산을 사서 장례를 치른 것으로 되어 있다. 구

---

4) 창세기에 헷Heth은 노아의 아들 햄의 자손 중 가나안의 아들이라고 기록돼있다.

약성서 〈사무엘서〉에 따르면 고대 이스라엘의 2대 왕 다윗David(기원전 997~962년)이 목욕하고 있는 헷사람의 부인 밧세바Bathsheba를 보고 사랑에 빠지자 그를 죽게 한 뒤 밧세바와 결혼했다고 전한다. 다윗과 밧세바 사이에서 태어난 아들이 솔로몬이다.

히타이트의 도읍지 하투샤 유적

하투샤는 1,200m나 되는 높은 구릉지대에 자연 요새인 협곡을 끼고 가파른 비탈에 자리한 성곽도시다. 동서 1.3km, 남북 2.2km에 그 둘레가 7km나 되는 성벽이 이중으로 둘러싸여 있었다. 오래된 유적이라 성벽의 기단과 몇 개의 성문만 남아있고 유적의 입구에 당시의 성벽을 재현해 놓았다.

성벽에 6개의 성문이 있었으나 지금은 사자의 문(아슬란르카프 Aslanlıkapı), 스핑크스의 문(예르카프Yerkapı), 왕의 문(크랄카프Kralkapı)만 남아 있다. 종교적 축제 때만 사용한 스핑크스 문의 바로 아래에 길이 71m의 굴로 된 통로가 있다. 스핑크스 문에 있었던 스핑크스상은 하나는 이스탄불의 고고학 박물관에, 다른 하나는 베를린 미술관에서 전시되고 있다. 「돌궐 문」이라고도 불린 사자 문의 좌우에는 현무암으로 만든 사자상이 있다. 왕의 문에 있던 전쟁의 신상은 현재 아나돌루 문명 박물관에 전시되고 있고 이곳에는 복제품이 있다.

도시유적의 동쪽 끝에 기원전 13세기에 세운 왕궁이자 성채인 뷔위칼레Büyükkale(높은 산) 유적과 남쪽에 태풍의 신 테슈브Teshub와 태양의 여신인 아린나Arinna를 모셨던 대신전Büyük Mabed 유적이 남아있

히타이트 도읍지
하투샤 유적

다. 뷔위칼레는 '높은 산'을 뜻한다. 이곳에서 「보아즈쾨이^{Bogazkale} 문서」라고 불리는 쐐기문자^(설형문자)가 새겨진 1만 장이 넘는 점토판 조각이 발굴됐다. 아카드어와 히타이트어로 적혀 있는 이 문서를 통해 히타이트의 역사가 밝혀졌다. 이 유적에서 발굴된 유물들은 모두 앙카라의 아나돌루 문명 박물관에서 전시하고 있다.

기원전 1285년 히타이트 왕 무와탈리스^{Muwatallis}는 고대 이집트의 람세스 2세와 시리아의 지배권을 놓고 카데쉬^{Kadesh}에서 싸웠다. 인류사상 기록이 남아 있는 가장 오래된 전투다. 그 뒤 기원전 1269년에 히타이트 왕 하투사리 3세^{Hattusili III}와 람세스 2세는 카데쉬 평

화조약을 체결했다. 인류사상 최초의 국제조약이다. 쐐기문자^{(설형문}
^{자)}로 새겨져 있는 점토판이 이스탄불의 고대 오리엔트 박물관에서
전시되고 있다.

야외신전 야즐르카야

하투샤의 북동으로 2㎞, 히타이트 제국의 성지 야즐르카야 유적에
기원전 13세기에 세운 야외신전이 있었으나 지금은 토대만 남아있
다. 자연석을 이용하여 만든 두 신전에 최고신인 태풍의 신 테슈브
를 비롯하여 여러 신을 모셨다.

　자연 바위의 틈을 이용한 큰 복도에 66명의 남녀 신이 새겨져 있
다. 짧은 바지를 입은 히타이트의 최고신 테슈브와 긴 치마를 입은
그의 아내 헤바트^{Hebat}여신이 많은 남녀 신을 거느리고 만나는 장면
이 돋을새김 되어 있다. 작은 복도에는 삼각 모자를 쓰고 칼을 든
열두 신이 행진하는 돋을새김이 있다.

　보아즈칼레 유적은 히타이트 문명 유적으로 유명하지만, 앙카라
에서 3시간 가까이 차로 달려 막상 현지에 가보면 남아있는 유적이
별로 없어 실망하게 된다. 보아즈칼레 유적에 갈 때는 반드시 앙카
라의 아나돌루 문명 박물관의 히타이트 유물들을 본 다음에 가도
록 권하고 싶다.

성지 야즐르카야 신전 유적의
열두 신이 행진하는 돋을새김

MIDDLE TURKEY

터키 중부 – 고원지대

우뚝 솟아 있는 카파도키아의 바위기둥

신이 내린 땅
카파도키아

18

대자연이 빚은 신비로운 기암의 천국

터키 관광의 하이라이트는 대자연이 빚어낸 기암괴석의 비경秘境 카파도키아Cappadocia다. 히타이트어로 '아름다운 말이 있는 땅'이라는 뜻의 카파도키아는 히타이트 족이 이 땅에서 말을 길렀다 해서 생겨난 이름이다. 고도 1,200m의 광대한 중부 아나돌루 고원의 암석지대에 높이 20~30m의 버섯, 도토리, 굴뚝같은 기기묘묘한 모양을 한 바위기둥이 수없이 솟아있다. 지구상의 어디에서도 볼 수 없는 비경이 우주의 어느 별에 와있는 듯한 느낌을 준다.

전설에 따르면 먼 옛날에 이곳은 인간이 봐도 안 되고 발을 들여놓아도 안 되는 신의 낙원으로 기암 아래 요정들이 살았다고 전한다. 옛사람들은 이 땅을 '보아서는 안 되는 땅'이라는 뜻으로 괴레메Göreme, 기암을 '요정의 굴뚝'이라는 뜻으로 페리바자Peribaca라고 불렀다. 유네스코는 자연과 종교가 조화를 이룬 이 신비의 땅을 세계복합유산으로 지정했다.

신들의 땅, 요정들의 낙원

약 6천만 년 전의 먼 옛날에 엘지에스 다으^{Erciyes Dağı(3,916m)}와 하산
다으^{Hasan Dağı(3,262m)}의 잦은 폭발로 화산재와 용암이 분출돼 광대한
암석지대가 형성됐다. 오랜 세월 풍화와 침식이 거듭되면서 이들 용
암이 크기와 모양과 색깔이 다른 카파도키아 특유의 기이한 바위
기둥이 됐다.

카파도키아에는 모자나 갓을 쓴 모양, 버섯이나 도토리 엾은 모
양, 사막을 걸어가는 쌍봉낙타 모양, 동화 속 요정의 굴뚝 모양, 형
제가 사이좋게 밀담하는 모양, 세 미인이 나란히 서 있는 모양, 짐

승 모양을 한 형형색색의 바위들이 솟아있다.

카파도키아의 관광명소 중 하나로 요정의 굴뚝 바위가 모여 있
는 페리바자는 미국의 라자 고스넬 감독의 만화영화《개구쟁이 스
머프The Smurfs》에 나오는 버섯 집의 모델로, 그리고 조지 루커스 감
독의 공상과학영화《스타워즈Star Wars》의 촬영 무대로 활용됐던 곳
이다.

교통이 불편하고 가혹한 기후 때문에 찾는 사람이 없었으나 20
세기 후반부터 지구촌 사람들이 찾기 시작하여 지금은 터키 최고
의 관광지가 됐다.

세계에서 가장 짠 소금호수
투즈 괼뤼

카파도키아는 이스탄불에서 동으로 730㎞, 고속버스로 11시간, 항공기로 2시간 걸린다. 차로 가면 도중에 세계에서 가장 짠 소금호수로 유명한 투즈 괼뤼Tuz Gölü를 만난다. 높이 905m의 고원에 길이 80㎞, 폭 50㎞의 큰 호수다. 1시간 가까이 호수를 끼고 차로 달려도 소금 벌판이 계속된다. 원래 바다였는데 지각변동으로 호수가 됐다고 한다. 겨울에는 호숫물이 약간 있지만, 여름에는 증발되어 소금 벌판이 된다.

터키에서 소요되는 소금의 65%(약 30만 톤)가 이곳에서 생산된다. 일부는 소금 항아리를 만드는데 사용되기도 한다. 흙 반죽에 소금을 넣어 만든 항아리는 보온병처럼 더울 때도 항아리 안의 물이 시원하다고 한다. 그래서 옛날부터 대상들이 장거리여행을 할 때 휴대용 물통으로 사용해 왔다. 호수 주변에 홍색의 플라밍고 수천 마리가 서식하고 있다.

이 호수에서 룸 셀주크 시대의 고도 악사라이를 거쳐 카파도키아 관광거점 네브쉐히르(새 도시)에 도착한다.

초기 기독교인들의 피난처

카파도키아는 초기 기독교인들의 피난처였다. 3세기 중엽에 로마황제 데시우스Decius(201~251)의 기독교 박해와 7세기 이슬람 세력의 종교 핍박을 피해 기독교인들이 이곳으로 숨어와 살았다. 이때부터 이곳이 기독교의 땅이 됐다.

처음 이곳에 들어온 기독교인들은 이집트 시나이 반도의 사막에서 모래 굴을 파고 그 속에서 수도생활을 하던 초기 기독교의 수도사들이었다. 기원전 1세기 사도 바울도 그의 네 번째 전도여행 때 이곳을 방문했다. 4세기에는 성 바지르(바시리우스)와 성 그레고리 등 성인을 배출했다. 이곳은 기독교사에 길이 남을 수도원 발달의 중심지였다.

카파도키아의 암굴 교회와
암굴 집들

　　많은 기독교인들이 바위기둥을 파서 암굴 집과 교회를 만들고 지하 도시를 세워 신앙생활을 하며 숨어 살았다. 이곳 바위들은 숟가락이나 삽으로 쉽게 파진다. 일단 파낸 후에 공기가 닿으면 시멘트처럼 단단해진다. 그러므로 기둥 없이도 암굴 집이나 교회를 지을 수 있었다.

　　절정기에 3천 개가 넘는 암굴 교회가 있었다. 일부 암굴 교회에는 예수나 성모 마리아의 생애를 담은 프레스코 성화가 남아있다. 카파도키아의 프레스코 성화는 중세 기독교 예술로서 가치가 매우 높다. 그림의 선이 굵고 힘이 있으며 비잔틴 양식에 매우 충실한 벽화들이다. 대부분이 우상숭배 금지령이 해제된 이후에 그린 것이다. 이 성화들은 아랍의 침입이나 룸 셀주크나 몽골군의 침입 때도 파괴되지 않았다. 그러나 제1차 대전이 끝난 뒤 터키와 그리스 사이에 맺은 주민교환 협정에 따라 그리스인들이 떠난 뒤에 우상숭배를 금하는 이슬람교도들이 이곳의 귀중한 성화를 크게 손상시키고 말았다. 지금도 카파도키아는 기독교인의 중요한 성지순례지로 일년 내내 순례자들이 끊이지 않는다.

카파도키아의 중요 관광지

카파도키아는 동쪽의 카이세리, 서쪽의 네브쉐히르, 남쪽의 니데의 세 도시를 잇는 동서 30㎞, 남북 50㎞의 광대한 삼각형 지역을 이루고 있다.

그 중심에 카파도키아의 핵심관광지인 괴레메 국립공원이 있다. 공원을 중심으로 남서에 네브쉐히르, 남동에 위르큅, 북에 아바노스를 잇는 작은 삼각형 지역에 주요 관광지가 모여 있다.

괴레메의 남서에 있는 터키어로 '새로운 마을'이라는 뜻의 네브쉐히르Nevşehir는 카파도키아에 오는 고속버스들이 도착하는 카파도키아의 관광거점이다. 호텔, 레스토랑 등 각종 관광시설이 많으며 시내에 12세기 룸 셀주크 시대의 요새가 남아있다.

네브쉐히르에서 동으로 18㎞에 있는 위르큅Ürgüp은 큰 바위산에 부서진 암굴 집들이 많이 남아있는 곳이다. 암굴 집이 어떻게 생겼고 그 속에서 어떻게 생활 했는지를 엿볼 수 있다. 위르큅은 카파도키아 와인의 산지로 유명하며 해마다 가을에 와인 축제가 열린다.

장미 계곡과 열기구

위르굽에서 북서로 23㎞, 도자기와 카펫으로 유명한 아바노스 Avanos는 그 일대에 철분이 침전된 진흙이 많아 로마 시대부터 도자기를 만들어 온 곳이다. 도자기의 모양과 색채가 매우 다채로운 것이 특징이다.

이스탄불의 교외에 있는 작은 마을 헤레케에서 생산되는 카펫이 세계적으로 유명하지만, 이곳 카펫도 유명하며 천연염료를 사용하는 것이 특징이다. 빨간색은 꼭두서니(천초)의 뿌리, 파란색은 쪽, 황색은 레몬 껍질, 오렌지색은 포풀라 나무, 초록색은 올리브 잎, 차색은 담배의 잎에서 얻는다. 카펫은 유목민의 생활필수품으로 그 역사가 4천 년이 넘는다. 이 마을을 걸어서 돌아보면 오스만 시대의 목조 가옥들이 많은데 그 안에서 여성들이 카펫을 짜고 있다.

카파도키아의 볼거리로는 자연이 만든 갖가지 모양의 기암괴석들과 그 속에 있는 암굴 집, 암굴 교회, 수도원, 프레스코 성화, 그리고 지하 도시 등이다.

자동차도 좋지만, 자전거나 오토바이를 빌려 돌아볼 수도 있다. 순환 관광버스도 있다. 기구를 타고 1시간 정도 공중 산책하며 카파도키아 전체를 볼 수도 있는데 아침 햇살을 받으며 수십 대의 오색찬란한 열기구가 동시에 떠오르는 것은 장관이다.

암굴 집을 개조해서 만든
동굴 호텔

카파도키아의 명물로 손으로 만든 카펫과 향토 요리인 항아리 케밥을 들 수 있다. 항아리 케밥은 양고기나 닭고기와 각종 야채를 항아리에 넣고 가마에서 구운 다음에 깨서 먹는 테스티 케밥^{Testi Kebab}이다.

암굴 집을 개조해서 만든 암굴 호텔에 묵으며 항아리 케밥을 먹고 벨리댄스나 이슬람 신비주의자들의 선회무용을 관람하는 것도 터키 여행의 좋은 즐거움이 될 것이다.

괴레메 국립공원의 샌들 교회

돌기둥, 암굴 집, 암굴 교회

19

기독교 박해가 낳은 흔적들

카파도키아의 관광은 괴레메 국립공원에서 시작된다. 공원을 중심으로 그 주변의 네브쉐히르, 위르귑, 아바노스를 잇는 삼각지역에 버섯바위와 암굴 집을 한눈에 볼 수 있는 「괴레메 파노라마 전망대」, 특이한 바위들이 짝지어 서 있는 「파샤바으 계곡」과 암굴 교회와 수도원이 있는 「젤브 야외박물관」, 분홍색 바위들이 솟아 있는 「장미 계곡」, 천연의 바위 요새 「우치히사르」, 요정의 연돌로 유명한 「에센테페」와 낙타바위가 있는 「데브렌트 계곡」이 유명하다. 그리고 남부에 거대한 지하 도시 「데린쿠유」와 「카이마크르」가 있고 그 남쪽에 「카파도키아의 그랜드 캐년」 우흐라라 계곡이 있다.

괴레메 국립공원에는 높은 바위들이 수없이 솟아있는 길이 1km의 계곡에 30여 개의 암굴 교회가 모여 있다. 비잔틴 시대에는 암굴 교회가 300개가 넘었다고 한다. 이 계곡에 암굴 수도원과 교회가 생긴 것은 3세기 반 무렵으로 로마황제 데시우스^{Decius(201~251)}가

괴레메 국립공원의
암굴 교회들

기독교를 심하게 박해했을 때였다.[1]

응회암을 파서 만든 직사각이나 십자가 모양의 암굴 교회는 둥근 돔으로 덮여있으며 사제를 위한 제실과 신도들을 위한 예배당 그리고 좌우의 복도로 구성돼 있다. 천장과 벽은 성모 마리아나 그리스도의 생애, 성서의 이야기와 천사나 위대한 성인을 담은 프레스코 성화로 장식돼 있다.

---

1) 데시우스는 네로 황제 못지않게 기독교를 박해한 황제로 250년에 기독교 박해 칙령을 내렸다.

천년 가까이 된 이곳 암굴 교회의 프레스코 성화들은 「카파도키아 양식」이라 불릴 만큼 예술적 가치가 높다. 괴레메의 프레스코 성화 중에서는 〈데이시스Deesis(청원)〉가 가장 유명하다. 중앙에 그리스도, 오른쪽에 성모 마리아 그리고 왼쪽에 대천사 가브리엘이나 세례요한이 서 있는 그리스도가 신에게 죄를 진 인간의 용서를 구하는 장면을 담은 성화다.

각양각색의 교회들

괴레메 국립공원의 입구를 들어서면 제일 먼저 「무명 교회」라고 불리는 성 바실 교회Basil Kilise가 나온다. 교회의 천장에 그리스도의 초상화, 앞쪽 벽에 성모 마리아와 그리스도의 성화가 있다. 이 교회는 4세기에 카이세리에서 수도원 활동에 크게 공헌한 주교 성 바실리우스St. Basil the Great(329~379)를 위해 지은 교회다.

바실 교회 곁에 「사과 교회」라고 불리는 에르마르 교회Elmalı Kilise가 있다. 옛날 교회 입구에 사과나무가 있어 붙은 이름이다. 11세기 말 만든 이 교회는 중앙에 4개의 기둥이 떠받치고 있는 큰 돔이 있다. 〈그리스도의 탄생〉, 〈동방박사의 방문〉, 〈최후의 만찬〉 등 그리스도의 생애를 담은 15장의 프레스코 성화가 벽을 장식하고 있다.

그 곁에 있는 성 바르바라 교회St. Barbara Kilise는 돔을 가진 십자가 모양의 교회로 본당의 돔을 장식한 성화 〈전능의 예수〉가 유명하다. 벽에는 성 바르바라가 그려져 있다. 이 교회는 기독교 신자인 청년을 만나 복음을 받아들였다는 이유로 아버지의 손에 죽으면서까지 신앙을 지킨 성녀 바르바라를 기념하여 지은 교회다.

「뱀 교회」라고 불리는 둥근 기둥 모양의 독특한 지붕을 가진 이란리 교회Yilanli Kilise는 벽에 말을 탄 성 죠지(게오루우스)와 성 데오도르가 악마의 상징인 큰 뱀을 죽이는 모습의 성화가 있다.

문이 하나밖에 없어 실내가 어두워 「암흑 교회」라고 불리는 카란루크 교회 Kallanlik Kilise는 천장에 보존상태가 매우 좋은 〈수태고지〉[2], 〈예수의 승천과 사도들의 축복〉, 〈예수의 일생〉을 담은 프레스코 성화가 장식돼 있다.

공원의 맨 북쪽에 자리한 2층으로 된 챠루크르 교회Çarikli Kilise는 바닥에 예수의 발 모양이 새겨져 있어 「샌들 교회」라고도 부른다. 십자가 모양의 본당과 4개의 둥근 돔과 2개의 기둥이 서 있는 교회의 중앙 돔에 〈전능의 예수〉, 〈대천사 미가엘과 가브리엘〉등 예수의 생애를 담은 13장의 프레스코 성화가 그려져 있다.

암굴교회 앞의 관광객들

　괴레메 국립공원의 프레스코 성화들은 레오 3세의 우상숭배 금
지령 3)이 해제된 9세기 이후 12세기까지의 작품들이다. 천 년 이상
지났는데도 그 채색이 비교적 선명하다.

　괴레메의 중심가에는 바위를 파서 만든 식당, 카페, 토산품 가게,
게스트 하우스 등이 있다. 터키의 빈대떡이라고 일컬어지는 전통음
식 괴즐레메Gözleme를 맛볼 수 있다.

---

3)　726년 비잔틴 제국의 황제 레오 3세가 내린 성화상 파괴령으로 성화 숭배가 금지
　　됐다가 843년에 해제되었다.

동화의 나라를 보는 전망대 - 괴레메 파노라마

괴레메 국립공원과 네브쉐히르 사이의 언덕에 「괴레메 파노라마」라 불리는 전망대가 있다. 이곳은 전망대 아래 마치 동화의 나라처럼 보이는 황토빛 계곡, 형형색색의 바위기둥들, 그리고 암굴 집들을 한눈에 볼 수 있는 나지막한 언덕이다. 이곳에서 염소젖으로 만든 치즈처럼 늘어나는 쫀득쫀득한 아이스크림인 돈두르마를 맛볼 수 있다.

　괴레메와 아바노스 사이에 있는 파샤바으 ^{Paşabağı}(장군의 포도밭)는 넓은 공간에 큰 버섯 모양의 특이한 바위들이 몇 개씩 짝을 지어 우

괴레메 파노라마에서 본 동화의 나라처럼 보이는 황토빛 계곡, 바위기둥, 암굴 집들

뚝우뚝 솟아있다. 기둥바위들의 사이사이에 포도
밭들이 있다. 이곳의 기둥바위는 한 줄기로 올라
가다 꼭대기에서 여러 개로 갈라진다. 그중에서
가장 유명한 바위가 「요정의 굴뚝Üç Güzeller」이라고
불리는 모자를 쓴 모양의 큰 바위기둥으로 한 개
의 바위가 올라가다가 세 개로 갈라진다. 「세 미녀
바위」라고도 불리는 이 바위기둥은 둘은 마주 보
고 서 있고, 하나는 떨어져 있다.

그 곁에 「수도사의 계곡」이라고도 불리는 젤브
야외박물관Zelve Open Air Museum이 있다. 이곳에 기독
교에서 평화, 예수, 부활, 영생을 상징하는 비둘기,
물고기, 공작, 종려나무 등을 그린 프레스코 그림
으로 장식돼있는 8~9세기의 교회들이 있다. 십자
가와 함께 포도교회나 사슴교회가 유명한데 이름
그대로 포도와 사슴의 그림으로 장식되어 있다.

괴레메와 위르귑 사이에 있는 장미계곡Rose Valley에는 11세기에
지은 교회들이 있으며 해질 무렵에 붉게 물든 협곡의 경치가 매우
아름답다.

파샤바으의
「세 미녀 바위」

천연 바위 요새 우치히사르

네브쉐히르와 위르귑 사이에 바윗덩어리의 나선루로 유명한 우치히
사르와 오타히사르가 솟아있고 세 개의 아버지와 아들(親子)로 불리
는 3개의 바위가 솟아 있는 유명한 에센테페Esen Tepe가 있다.

우치히사르^{Uçhisar}는 터키어로 '세 개의 요새'라는 뜻으로 높이 1,300m의 카파도키아에서 가장 높은 바위산에 히타이트 시대에 지은 요새와 작은 마을이 있다. 중앙에 둥근 뿔 모양의 높은 바위산이 솟아 있고 그 양쪽에 낮은 바위산이 서 있어 3개의 탑을 가진 요새처럼 보인다.

7세기에 아랍군이 침공해 왔을 때 비잔틴군이 요새로 이용했다. 우치히사르는 부근에 있는 작은 바위요새 오타히사르와 지하로 연결돼 있다.

바위산에 벌집처럼 많은 구멍이 뚫려있는데 모두 암굴 집들이다. 로마 시대와 이슬람 시대에 기독교도들이 종교박해를 피해 와서 이 암굴 집에 숨어 살았다. 지금은 무너질 위험이 있어 주민은 모두 철수하고 암굴에서 비둘기를 키워 그 분뇨를 모아 포도밭의 비료로 쓴다. 바위산 속으로 꼭대기까지 올라가면 카파도키아의 전체 비경을 한눈에 감상할 수 있다.

'세 개의 요새'
우치히사르

데브렌트 계곡과 우흐라라 계곡

위르귑과 아바노스 사이에 자리한 데브렌트 계곡Devrent Vadisi에 특이한 모양을 한 분홍빛 바위들이 혼자 혹은 두서너 개씩 무리를 지어 서 있다. 혹이 두 개 있는 쌍봉낙타 바위가 가장 유명하다. 그 밖에 손가락 바위, 성모 마리아 바위, 펭귄 바위 등도 있다. 보는 방향에 따라 여러 모양으로 보이기 때문에 「상상의 계곡」이라고도 한다.

테브렌트 계곡의
쌍봉낙타 바위

「카파도키아의 그랜드 캐니언」이라 불리는 우흐라라 계곡Ihlara Vadisi은 길이 14㎞, 높이 100m의 바위 절벽이 솟아있고 절벽 발치에 냇물이 흐르고 나무숲이 우거져 있는 거대한 계곡이다. 이곳에서 비잔틴 시대에 기독교의 수도사들이 은둔생활을 했다. 지금은 11세기에 지은 약 30개의 암굴 교회와 5천 채의 암굴 집들이 있다.

우흐라라 계곡에 10세기 초에 지은 숨불루 교회Sumbullu Kilise의 돔에 장식돼있는 회색으로 그린 성화 〈전능의 그리스도〉가 유명하다.

카파도키아의 데린쿠유 지하 도시(지하 8층)

개미집처럼 통로가 있는 지하도시

20

종교 박해를 피해 온 기독교인들이 숨어 살던 곳

카 파도키아에는 암굴 교회 외에 지하 도시들이 많다. 네브쉐
히르에서 니데로 가는 간선도로를 남으로 내려가면 유명한
카이마르크와 데린쿠유 지하 도시가 나온다.

종교 박해를 피해 카파도키아로 온 기독교인들은 약 450개의 지
하 도시를 만들어 숨어 살았다. 현재 확인된 지하 도시가 36개나
되며 그중 4개가 박물관으로 일반에게 공개되고 있다.

기원전 5세기 그리스의 역사가 크세노폰Xenophon의 소아시아 여
행기 《아나바시스Anabasis》4)에 카파도키아의 지하 도시가 소개되고
있다.

---

4) 고대 그리스의 군인이며 역사가인 크세노폰의 대표작으로 기원전 379~371년에 저
술하였다. 전 7권.

괴레메의 남으로 20㎞, 우흐라라 계곡으로 가는 도중에 데린쿠유 지하 도시Derinkuyu Yeraltı Şehri가 있다. 데린쿠유는 터키어로 '깊은 우물'이라는 뜻이다.

기원전 8세기 무렵 프리기아인이 만든 이 지하 도시는 지하 8층에 깊이 85m, 총면적 4만㎡의 입체도시다. 현재 카파도키아에 있는 지하 도시 중에서 가장 크며 2만 명이 동시에 거주할 수 있는 규모다. 허리를 굽혀야 겨우 통과할 수 있는 높이 150㎝, 너비 60㎝의 통로가 개미집처럼 사방으로 뚫려있고 아래 위는 경사진 계단으로 연결돼 있다.

통로의 곳곳에 적이 들어오면 막아버릴 수 있도록 지름 180㎝, 두께 60㎝, 무게 500㎏의 둥근 돌이 설치돼 있다. 지하 도시에는 암굴 집을 비롯하여 시장, 학교, 교회, 수도원, 집합장소, 식당, 와인 저장고, 가축우리, 무기 창고, 저수지 등 공동생활을 하는 데 필요

데린쿠유 지하 도시 입구

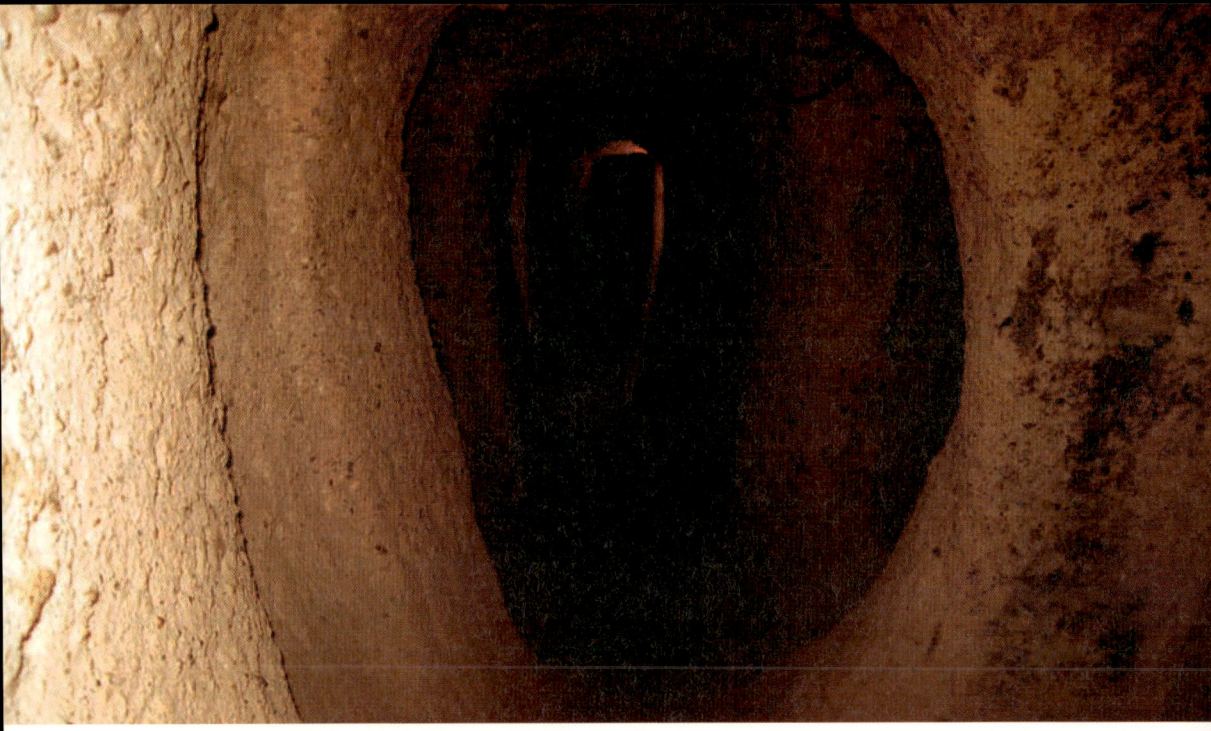

한 기본시설을 거의 갖추고 있다. 심지어 무덤까지 있다. 지하 2층의 아치형 천장이 있는 방은 수도원이었던 것으로 보인다.

곳곳에 수직으로 뚫려 있는 공기통을 통해 신선한 공기를 받아들여 환기뿐 아니라 내부 온도도 조절했다. 다만 대소변만은 바깥에 나가서 했는지 지하 도시의 어디에도 화장실의 흔적은 없다.

지하에서 생활하다가 적이 쳐들어올 염려가 없을 때는 지상으로 올라가 농사를 지었다. 지하 3층에 카이마크르 지하 도시와 연결되는 길이 9㎞의 지하도로가 있다.

이 지하 도시는 9세기 이후에는 사람이 살지 않아 완전히 잊혀 있었다. 20세기 초에 어린 목동이 잃어버린 양 한 마리를 찾다가 우연히 발견하여 1965년에 일반에게 공개됐다.

카이마크르 지하 도시

네브쉬히르에서 남으로 18km에 1964년에 발견된 카이마크르 지하 도시^{Kaymaklı Yeraltı Şehri}가 있다. 지하 8층으로 된 이 지하 도시는 약 5천 명이 거주할 수 있는 규모다. 현재 100여 채의 암굴 집이 남아 있으며 지하 4층까지만 일반에게 공개되고 있다.

이곳에도 암굴 집을 비롯하여 가축우리, 곡물 창고, 와인 저장고, 교회, 집회장소가 있다. 이 지하 도시는 거주지로 뿐만 아니라 적을 방어하는 요새로도 이용됐다.

이 일대는 그리스인의 거주지였으나 1923년 그리스인과 터키인의 주민교환 협약에 따라 이곳에 살던 그리스인은 본국으로 돌아가고 터키인의 마을로 바뀌었다. 카파도키아의 중심지에서 가까워 관광객이 가장 많이 찾는다.

데린쿠유 지하 도시의
아래위로 뚫린 환기통로

실크로드의 유적 술탄하느 사라이

카파도기아에서 콘야로 가는 도중에 실크로드를 오가던 대상들의 휴식처였던 카라반사라이^{Kervan Sarayi} 술탄하느^{Sultanhanı}를 만난다. 룸 셀주크 시대의 대표적인 건축물이다. 카라반은 낙타를 이용한 '대상', 사라이는 '궁전'을 뜻하며 카라반사라이는 '대상들의 궁전'을 가리킨다.

13세기 초에 지은 이 카라반사라이는 현재 터키에 남아 있는 카라반사라이 중에서 가장 크고 보존상태가 좋다. 50m의 성벽에 높이 13m의 성문 같은 입구를 들어가면 큰 마당의 중앙에 사각 탑 모양의 모스크가 있다.

　　룸 셀주크 시대(1077~1307)에 실크로드에는 낙타가 하루에 걸을 수 있는 거리인 30~40㎞ 간격으로 카라반사라이를 하나씩 지었다. 숙박시설, 작은 모스크, 터키식 목욕탕 하맘, 식당, 낙타 우리 등을 갖추었으며 이곳에 투숙하는 대상들은 국적을 불문하고 사흘 동안은 숙식이 무료였다. 대상들은 이곳에서 쉬면서 상품을 팔거나 교환했다. 카라반사라이는 군사거점으로도 활용됐다. 현재 터키에 약 120개의 카라반사라이가 남아있다.

고대인의 거주 흔적 – 차탈회윅

콘야의 남동으로 52㎞ 떨어진 구릉지대의 작은 언덕에 신석기시대
의 유적 차탈회윅^{Çatalhöyük}이 자리 잡고 있다. 기원전 6,200년 무렵
에 인류가 집단으로 정착해서 6천 명 가까운 사람들이 모여 살았
던 밀집 거주유적이다.

　이들은 햇볕에 말린 흙벽돌로 지은 집에 살면서 농사를 짓고, 평
평한 지붕 위에서 가축을 길렀다. 흙벽돌집은 출입문이 없고 평평
한 지붕에 구멍을 뚫어 나무 사다리를 타고 올라가 드나들었다. 벽
에는 여러 동물, 사냥 장면, 화산이 폭발하는 장면의 그림을 그려

꾸몄다. 이 유적에서 발굴된 유물들은 모두 앙카라의 아나돌루 문명 박물관과 콘야의 고고학 박물관에서 전시되고 있다. 이 유적에서 출토된 유물 중에서 가장 유명한 것이 풍요의 여신인 〈대지의 어머니상大地母神像〉이다. 그밖에 신석기시대의 프레스코 그림이 유명하다. 프레스코 그림에는 연기가 나는 화산과 용암이 흘러내리는 모습이 묘사돼 있다. 세계에서 가장 오래된 풍경화라 할 수 있다.

차탈회윅의 마을과 집을 재현해 놓은 흙벽돌집 그리고 옛날 집들의 위치와 구조, 신전의 위치와 구조, 무덤 등을 알 수 있게 해주는 사진을 전시해 놓은 전시관이 있다.

차탈회윅 유적을
재현해 본 상상도

콘야의 상징인 메블라나 박물관의 아름다운 초록색 첨탑

종교도시
콘야

이슬람 세계의 정치, 문화, 예술의 중심

21

카파도키아에서 남으로 220㎞, 중부 터키의 광대한 고원의 남쪽 자락에 종교도시 콘야^{Konya}가 자리한다. 터키어로 '양의 가슴'을 뜻하는 콘야는 인구 100만의 고원도시로 페르세우스^{Per-seus 5)}가 칼로 벤 괴물 메두사의 머리가 떨어졌다는 「신화의 땅」이다.

콘야로 가는 도로변은 밀밭, 사탕무밭과 올리브 과수원이 이어져 있다. 고원에 있는데도 사방이 넓은 평야로 둘러싸여 있어 터키밀의 90%가 이 일대에서 생산되는 곡창지대다.

콘야의 로마 시대 이름은 이코니움^{Iconium}이었다. 1077년에 룸 셀주크가 수도를 아나돌루 서부의 이즈닉에서 이곳으로 옮겨온 후 크게 발전하여 이슬람 세계의 정치, 문화, 예술의 중심이 됐다.

---

5) 그리스 신화에 나오는 영웅으로 제우스와 다나에의 아들이다. 괴물 메두사의 목을 베어 죽이고, 바다의 괴물로부터 안드로메다를 구출해 아내로 삼았다.

콘야는 이슬람 신비주의의 한 종파인 메블라나 교단의 발상지로 터키 최대의 이슬람 성지다. 교단을 창시한 성자 메블라나 루미의 영묘에는 일 년 내내 모슬렘의 순례가 끊이지 않는다.

콘야는 이슬람교뿐만 아니라 기독교와도 관계가 깊은 성서의 땅이기도 하다. 성경에 이고니온^{Iconiun}으로 나오는 이곳은 노아의 대홍수가 끝난 뒤, 제일 먼저 생긴 마을이라고 전해지고 있다. 신약 성서에 따르면 초대 안디옥 교회를 일으킨 바나바^{Barnabas}[6]가 사도 바울의 1차 전도여행 때 함께 와서 복음을 전한 곳이다. 또한, 성녀 테클라^{Thecla}[7]가 사도 바울을 만나 제자가 된 곳이기도 하다. 룸 셀주크 시대의 이슬람교 도시가 비잔틴 시대에는 기독교 도시로 번성했다.

신비주의 메불라나 교단의 발상지

콘야는 이슬람 수피즘$^{Sufism(신비주의)}$의 한 종파인 메블라나 교단의 발상지다. 메블라나는 터키어로 '위대한 스승'이라는 뜻이며 수피는 '신과 일체가 된다'는 뜻이다. 13세기에 교단을 창시한 종교 지도자이며 철학자이자 시인인 메블라나 젤랄레딘 루미$^{Mevelana\ Jelalleddin\ Rūmī(1207~1273)}$가 추구한 것은 신과 하나가 되는 것이다. 그의 시집 《메스네비^{Mesnevi}》와 시 모음집 《디반케비르$^{Divan\ Kebir}$》가 유명하다.

이슬람 신비주의 교단의 창시자
메블라나 루미

---

6) 본명은 요셉Joseph. 야곱의 11번째 아들로 이집트에 팔려가 총리대신이 되었으며 이집트의 흉년과 기근을 예지하고 대책을 미리 세웠던 인물이다.
7) 사도 바울과 데클라 행전에 나오는 사도 바울의 전도여행에 동행한 터키의 가톨릭 성녀.

'오라, 오라, 그대가 누구든 오라-

신을 버린 자이든, 이교도이든, 불을 숭배하는 자이든, 누구든 오라-

그대가 수없이 참회했다 하더라도 그대로 오라-

여기는 절망의 집이 아니라 희망이 시작되는 집이다.'

루미의 무덤 앞 비석에 새겨져 있는 서사시의 한 구절이다. 유네
스코는 루미탄생 800주년이 되는 2007년을 「세계 루미의 해」로 선
포했다.

명상무용 세마 춤

콘야하면 이슬람 신비주의의 세마 춤Semâ Dance(旋舞)이 유명하다. 세마 춤은 일종의 명상 춤으로 이것은 춤을 통해 신과 교류하는 종교의식이다. 이슬람 신비주의의 수피 사상에서 유래됐다고 해서 「수피 춤Sufi Dance」이라고도 한다. 수피즘의 수행자인 데르비쉬Dervish가 빙글빙글 돌면서 세마 춤을 춘다. 춤추는 사람을 세마젠Semazen이라고 부른다.

세마젠은 수의를 상징하는 흰색의 긴 치마와 저고리(텐누레Tennure)를 입고 그 위에 죽음을 상징하는 검은 망토(후르카Hurka)를 걸친다. 그리고 머리에는 묘비를 상징하는 흰색이나 갈색의 고깔모자(시케Sikke)를 쓴다. 이 모두가 죽음을 상징한다. 세마젠이 검은 망토를 벗으면서 '새로운 탄생'을 뜻하는 세마 춤이 시작된다.

오른 손은 하늘을 향하고 왼손은 땅을 향한 채 신비스러운 피리 소리와 북 장단에 맞춰 왼발을 축으로 오른발을 시계의 반대방향으로 회전한다. 처음에는 천천히 돌다가 점점 빨라지면서 망아의 상태가 되면 무릎을 꿇는다. 그러면 신과 소통하게 된다. 세마 춤은 3시간 이상 계속된다.

메블라나 루미를 기념하여 해마다 12월 10일부터 루미가 죽은 날인 17일까지 선무기념제인 「콘야 메블라나 축제Konya Mevelana Rumi Festival」가 열린다. 이 축제 때 세마 춤을 관람하기 위해 많은 외국관광객이 모여든다. 메블라나 루미의 탄생 800주년인 2007년에는 대대적인 기념행사가 있었다.

명상 춤인 세마 춤을 추고 있는 세마젠

메블라나 박물관과 인제 미나레 신학교

알라딘 언덕에서 박물관에 이르는 메블라나 거리의 휘퀴메트 광장 Hukumet Meydanı을 중심으로 인제 미나레 신학교, 알라딘 자미, 셀리미예 자미가 있다.

셀리미예 자미 Selimiye Camii는 16세기 술탄 쉴레이만 1세가 그의 아버지 제9대 술탄 셀림 1세를 위해 지은 모스크다. 오스만 시대 건축의 진수를 볼 수 있는 장려한 모스크로 유명한 건축가 미마르 시난의 작품이다. 이 모스크의 천장을 떠받치고 있는 돌기둥은 대부분이 고대 로마나 비잔틴 시대의 신전이나 교회에서 가져온 것이다.

녹색 타일로 된 돔 아래
안치돼있는 루미의 무덤

그 곁에 초록색의 둥근 첨탑이 아름다운 메블라나 박물관^{Mevlana Müzesi}이 있다. 이 박물관에 세마 춤에 사용했던 옷과 악기, 루미의 시집 《디반케비르》, 메블라나 교단의 각종 문서, 무함마드의 머리털, 숯불의 그을음으로 만든 잉크로 메블라나

가 직접 쓴 꾸란 등이 진열돼 있다.

녹색 타일로 된 돔 아래 루미와 성인들의 관이 안치돼 있다. 금실과 은실로 꾸란의 구절을 수놓은 천이 덮여있는 큰 관이 루미의 관이다. 부속 도서관에는 메블라나 신비주의에 관한 도서 5천 권이 소장돼 있다.

메블라나 박물관 근처에 터키에서 가장 우아한 건축물로 꼽히는 인제 미나레 신학교^{Ince Minare Müzesi}가 있다. 인제 미나레는 '긴 첨탑'이란 뜻이다. 1267년에 건립된 이슬람 신학교였으나 지금은 셀주크와 오스만 시대의 석공예품과 목공예품을 전시하는 박물관으로 사용되고 있다. 아름다운 기하학적 무늬로 장식된 정문은 룸 셀주크 시대 미술의 걸작으로 꼽힌다.

알라딘 언덕과 자미

설교단

메블라나 거리의 서쪽 끝에 자리한 알라딘 언덕의 북쪽 기슭에 룸 셀주크 시대 술탄의 궁전이 있었으나 지금은 성벽 일부만 남아있다. 그 언덕에 1221년 룸 셀주크의 술탄 알라딘 카이쿠바드 1세 때 지은 알라딘 자미Alaaddin Camii가 서 있다. 콘야에서 가장 크고 오래된 룸 셀주크 시대의 이슬람 건축양식으로 세운 모스크다. 비잔틴 시대의 신전 유적에서 가져온 42개의 대리석 기둥이 천장을 떠받치고 있다. 룸 셀주크 시대 목공기술의 최고 걸작으로 꼽히고 있는 나무로 만든 설교단(민바르)이 유명하다. 미라브는 도자기 타일로 아름답게 꾸며져 있다. 이곳에 룸 셀주크 술탄의 관 여덟 개가 보관돼 있다. 알라딘 언덕의 북쪽에 13세기 중반에 신학교를 개조하여 지금은 타일 박물관으로 사용하고 있는 카라타이 박물관Karatay Müzesi이 있다.

알라딘 자미의 내부

콘야의 명물 피데

콘야는 향토요리가 유명한 고장이다. 메블라나 거리의 카페에서 잠시 다리쉼을 하는 것도 좋다. 터키 커피도 마셔보고 콘야가 자랑하는 터키식 피자인 에틀리에메크 피데^{Etliekmek Pide}를 먹어보는 것도 좋다. 밀가루 반죽을 넓게 펴서 고기, 야채, 향신료 등을 얹고 화덕에 구워내는 요리다. 이스탄불의 피데는 밀가루 부분이 두텁고 배 모양으로 생겼으나 콘야의 피데는 얇은데도 더 쫄깃하고 토핑이 고소하다. 어린 양의 고기를 오랜 시간 쪄서 기름을 뺀 탄드르 케밥^{Tandir Kebabı}, 양고기와 야채를 철판구이 한 사치타바^{Saçtava}도 유명하다. 맛깔스러운 향토요리는 터키 여행의 즐거움을 한층 더 해 준다.

세마 춤 간판의 식당

파묵칼레에 발을 담그고 있는 관광객들

노천온천 파묵칼레

순백의 석회붕에 엷은 코발트빛 온천수가 넘치는 비경

콘야에서 서로 430㎞, 이즈미르에서 동남으로 250㎞ 떨어진, 아나돌루 고원의 서쪽 끝자락에 고대도시 히에라폴리스 유적과 석회붕 온천이 한데 어우러져 있는 세계복합유산으로 유명한 파묵칼레가 환상적인 자태를 뽐내고 있다.

콘야에서 평균고도 1천m의 광대한 고원에 일직선으로 길게 뻗어 있는 도로를 차로 4시간 가까이 달리면 파묵칼레에 도착한다. 옛 실크로드였던 이 도로변에는 목화와 사탕무밭이 이어져 있고 그 사이사이에 올리브 과수원이 눈에 띈다.

터키는 올리브의 원산지로 3천 년 전부터 재배해왔다. 올리브 나무는 지중해 연안에서만 자란다. 현재 터키에 약 9천만 그루의 올리브 나무가 있으며 세계 3위의 올리브기름의 생산국이다. 올리브는 가을에 황록색이었다가 겨울이 되면 검은색으로 변한다.

올리브는 성서에 감람수橄欖樹로 나오는 성서식물聖書植物이다. 노아

아프욘의
흰색 양귀비꽃으로
가득찬 들판

의 전설에 따르면 대홍수가 멎자 노아가 날려 보낸 흰 비둘기가 입
에 물고 돌아온 것이 올리브 나뭇가지였다. 그 이후 올리브 나뭇가
지를 입에 문 비둘기는 평화의 상징이 되어 유엔^(UN)기에도 담겨있다.

파묵칼레로 가는 도중에 아편으로 유명한 도시 아프욘이 나온
다. 양귀비라고도 불리는 아편꽃은 터키어로 아프욘^{Afyon}이다. 이곳
은 예로부터 아편의 집산지였다. 지금도 늦은 봄이 되면 그 일대가
양귀비^(아편꽃)로 덮인다.

터키는 세계적인 아편생산국이다. 양귀비의 꽃잎이 떨어진 후 덜 익은 열매에 상처를 내어 흘러나온 액즙을 말려서 건조하면 아편이 된다. 오스만 시대에 이곳에서 생산된 아편이 실크로드를 통해 중국으로 흘러갔다. 양귀비의 씨에는 마약 성분이 없어 빵을 만드는 데 쓰이고 기름을 짜서 쓰기도 한다.

하얀 목화의 성

터키는 지진국으로 전국에 천여 군데의 온천이 있다. 그중 가장 유명한 것이 노천온천인 파묵칼레다. 석회붕石灰棚 연못은 중국 구채구(황룡)를 비롯하여 지구촌 곳곳에 많다. 그러나 온천물이 흐르는 석회붕은 이곳뿐이다.

토로스 산맥의 서쪽 끝자락 기슭에 자리한 데니즐리^{Denizli}는 닭싸움으로 유명한 내륙도시다. 그 북으로 20㎞ 떨어진 곳에 눈 덮인 것처럼 보이는 하얀 언덕이 있다. 「목화 성」이라고 불리는 석회붕 온천 파묵칼레^{Pamukkale}다. 터키어로 '목화'를 뜻하는 파묵^{Pamuk}과 '성'을 뜻하는 칼레^{kale}의 합성어다. 멀리서 보면 하얀 목화로 만든 성처럼 보인다 해서 붙여진 이름이다.

대자연이 만든 걸작 파묵칼레

　파묵칼레는 석회가 많이 섞여 있는 온천물이 만들어낸 천연 예
술작품이다. 파란 하늘과 맑은 온천물이 어우러져 나타내는 파스
텔 톤의 연한 아이스 블루의 석회붕이 너무도 아름답다. 지하에서
솟아오른 온천물이 수천 년 동안 언덕 아래로 흘러내리면서 물속
에 포함된 석회가 순백색의 미세한 결정이 되어 만들어진 것이다.
100여 개의 하얀 석회붕은 종유석으로 흘러내려 장식되어 있는데,
높이 200m, 두께 300m, 길이 600m의 비탈에 계단식 다랑논처럼 엷
은 코발트빛 물을 머금은 자태는 정말 환상적이다.
　석회붕의 위쪽에 고대 로마의 히에라폴리스 유적의 돌을 모아
만든 노천온천 「성스러운 풀Antik Havuz」이 있다. 고대 이집트의 클레
오파트라도 이곳에 다녀갔다고 한다.

　파묵칼레는 옛날에는 석회붕에서 수영을 할 수 있을 정도로 물이 많았으나 지금은 줄어들어 발만 담글 수 있다. 신발을 벗고 맨발로 들어가 보면 온천물이 따뜻하다. 이곳 온천수는 심장병, 소화기장애, 신경통에 효과가 있어 로마 시대에 여러 황제가 이곳에 와서 휴양했다.

　해 뜰 무렵에는 하얀 단애 전체가 핑크빛으로, 낮에는 하늘빛이 반사되어 푸르게, 땅거미가 질 무렵에는 황혼에 붉게 물드는 파묵칼레의 환상적인 경치가 너무도 아름다워 탄성을 자아내게 한다. 대자연의 신비로운 경관, 하얀 증기를 내 품는 온천, 그리고 성스러운 도시유적이 어우러진 파묵칼레는 대자연이 만든 걸작으로 카파도키아와 함께 터키에서 가장 인상에 남는 관광지이다.

고대도시유적 히에라폴리스

파묵칼레 위에 헬레니즘 시대와 고대 로마 시대의 도시유적 히에라폴리스Hieraopolis가 자리하고 있다. 히에라폴리스는 '성스러운 도시'를 뜻하는 그리스어로 신전이 많아 붙여진 이름이다. 성서에는 히에라볼리로 나온다.

히에라폴리스는 기원전 2세기 페르가몬 왕국의 왕 에우메네스 2세Eumenes II(?~기원전 160/159)가 건설한 도시국가다. 로마 시대에는 소아시아의 거점으로 크게 번성했다. 12세기 무렵 룸 셀주크의 침공으로 파괴되었고 14세기 초의 대지진으로 도시가 땅속에 묻혀버렸다. 19세기 말 독일인 고고학자 카플프만이 발견하여 현재 복원 중이다.

이곳에 로마 시대의 원형극장과 큰 욕장, 아폴로 신전 터, 공동묘지 등의 유적이 남아있다. 언덕의 중턱에 자리한 부채꼴의 반원형극장은 셉티미마우스 세베루스Septimus Severus(145~211)가 만든 야외극장으로 1만 5천 명을 수용할 수 있다. 그 왼쪽에 아폴론 신전 터가 남아있다. 그 곁에 기원후 80년 무렵에 순교한 예수의 열두 제자의 한 명인 성 필립St. Philip을 기념하기 위해 세운 교회와 무덤의 흔적이 남아있다. 입구에 성스러운 샘이라고 불린 로마 시대의 목욕탕이 있었는데 지금은 히에라폴리스 유적에서 발굴된 유물들을 전시하고 있는 박물관으로 사용되고 있다. 환상적인 자연과 역사유적이 함께 어울려 있는 이곳은 1988년 유네스코의 세계복합유산으로 지정됐다.

히에라폴리스의 북쪽 끝에 1세기 무렵에 세운 도미티아누스Domitianus(51~96년) 황제의 개선문이 있다. 「로마 게이트」라고 불리는 이 문

은 아치로 된 세 개의 통로와 두 개의 둥근 탑으로 되어 있다. 개
선문 안으로 들어가면, 대리석 도로가 있다. 그 옆에 헬레니즘 시
대에 만든 히에라폴리스의 네크로폴리스(공동묘지)가 있다. 그 길이가
2㎞나 되는 아나돌루에서 가장 큰 공동묘지다. 현재 1,200기의 무
덤이 남아있다.

히에라폴리스로 들어오는 도중에 요한 묵시록에 나오는 초대 일
곱 교회의 하나인 라오디게아Laodicea(지금의 라오디제아) 교회 유적이 있
다. 예수가 이곳 교인들에게 신앙이 뜨겁지 않고 미지근하다고 책
망한 교회다.

히에라폴리스의
도미티아누스 황제의 개선문

WEST · SOUTH TURKEY

서남부 터키

성모 마리아 집의 입구에 서있는 성모상

에게 해의 진주 이즈미르

그리스·로마 신화의 무대

아나돌루, 그리스, 크레타 섬에 에워싸여 있는 에게데니즈 Egedenizi(에게 해)는 세계적으로 이름난 아름다운 바다다. 남북으로 640㎞, 동서로 320㎞나 되는 이 바다에 400여 개의 섬이 떠 있어 그리스어로 '다도해'라는 뜻으로 아이가이온 펠라고스Aigaion Pelagos라고 부른다. 에게라는 이름은 그리스 신화에 나오는 바다의 신 포세이돈Poseidon의 고향 아이가이Aigai에서 유래됐다고 한다.

호메로스가 「포도주 빛깔의 바다」라고 읊은 에게 해 연안은 기후가 온화하고 푸른 바다와 눈부신 햇살이 내리쬐는 완만한 해안을 따라 숲과 기암과 목가적인 어촌이 어우러져 있어 유럽인들이 즐겨 찾는 터키 최대의 휴양지다. 그뿐만 아니라 에게 해 연안 일대는 그리스 신화의 무대이며 고대 학문과 예술의 중심지로 역사유적과 문화유산이 많다.

그리스의 시인 호메로스

에게 해와 나란히 동서로 돌산이 길게 연이어 있는 토로스 산맥은 대리석의 산지로, 산맥과 해안 사이의 평야는 올리브. 감귤, 포도, 사탕수수, 담배의 생산지로 유명하다.

「에게 해의 진주」라고 불리는 에게 해 연안의 중심도시인 이즈미르Izmir는 프랑스의 니스를 닮은 아름다운 항구로 현재 인구 337만 명으로 터키에서 3번째로 큰 도시다. 트로이의 목마 이야기《일리아스》를 쓴 고대 그리스의 시인 호메로스Homeros의 고향이다.

오랜 역사의 도시 이즈미르

이스탄불에서 남으로 610km, 관광버스로 약 9시간, 페리를 이용하면 6시간, 항공기로 1시간 거리에 에게 해 연안의 관광거점 이즈미르가 자리한다.

이즈미르는 역사가 오랜 도시다. 기원전 7세기 이오니아인(고대 그리스인)이 세운 식민도시로 옛 이름은 스미르나Smyrna, 성경에는 서머나

이즈미르의 바닷가 절벽

로 나온다. 알렉산드로스 대왕 시대는 헬레니즘 문명의 중심지, 고대 로마 시대는 로마 제국 소아시아지역의 수도, 비잔틴 시대는 기독교 포교의 중심지, 오스만 시대는 국제상업의 중심지, 지금은 국제무역도시로 번성하고 있다.

이즈미르는 1919년 제1차 세계대전에서 오스만 제국이 패하자 그리스군에게 점령됐다. 그러나 1922년 무스타파 케말 파샤가 이끄는 터키군이 격전 끝에 탈환한 쓰라린 역사가 있다.

이즈미르는 에게 해 관광의 거점으로 그 주변에 주요 관광지가 많다. 남으로 고대 로마 도시유적 에페스, 북으로 헬레니즘 시대의 도시유적 베르가마, 동으로 목화의 성 파묵칼레와 고대 도시유적 히에라폴리스가 있다. 그밖에도 고대 이오니아 도시로 그리스 문화의 중심지였던 미레트, 여신들이 사랑한 프리에네, 신탁의 땅 디딤이 있다.

이즈미르의 바닷가 리조트

이즈미르의 상징
코낙 광장의 시계탑

지진과 전쟁의 와중에서도 남아 있는 유적

이즈미르는 예로부터 지진이 심했던 지역인데다 제1차 대전 직후 그리스군과의 격전으로 유적의 대부분이 파괴돼 지금은 별로 남아있는 것이 없다.

도심에 터키에서 아름다운 광장의 하나로 꼽히는 코낙 광장^{Konak} Meydanı에 이즈미르의 상징인 높이 25m의 시계탑 사아트 쿠레시 Saat Kulesi가 서 있다. 1901년 제33대 술탄 압뒬하미드 2세^{Abdülhamid} II(1842~1918)의 재위 25주년을 기념하여 세운 오스만 시대의 기념물이다. 시계는 독일 황제 빌헬름 2세가 기증한 것이다. 그 곁에 고고학 박물관, 전통 민족의상과 공예품을 전시한 민속학 박물관이 있다.

고고학 박물관에는 고대 로마 시대의 아고라^Agora(광장)에서 발굴된 대리석 기둥, 그리스 신화에 나오는 바다의 신 포세이돈, 곡물의 여신 데메테르, 풍요와 다산의 여신 아르테미스 등의 신상을 비롯하여 많은 고대 미술품이 전시되고 있다.

그밖에 알렉산드로스 대왕이 페르시아의 침공을 막기 위해 세운 카디페칼레^Kadifkale 성터가 남아있는데 지금은 공원이 돼있다.

이즈미르에서 가장 오래된 폴리캅 교회(서머나 교회)는 신약성서의 요한 묵시록에 나오는 소아시아 일곱 교회[1] 중의 하나다. 155년에 로마군에게 살해되어 순교한 사도교부 성 폴리캅^St.Polycarp을 기념하여 만든 교회다. 기원 66년~70년의 제1차 유대전쟁[2]으로 예루살렘이 붕괴한 이후 고대 로마와 소아시아가 기독교의 중심지가 됐다. 이때 사도 요한의 제자로서 소아시아의 지도자가 된 것이 성 폴리캅이었다.

국제도시인 이즈미르는 국제문화 활동이 매우 활발한 곳이다. 해마다 7월에 국제아트 페스티발, 8월에 국제 이즈미르 페스티발 그리고 가을에는 국제무역 박람회가 열린다.

이즈미르에서 차로 1시간 거리에 에페스 관광의 거점 셀축^Selçuk 이 자리한다. 그 근교에 세계 7대 불가사의의 하나인 아르테미스 신전 유적, 에페스 고대 로마 도시 유적, 사도 요한 무덤과 기념교회, 성모 마리아의 집이 있다.

---

1) 에베소, 서머나, 버가모, 두아디라, 사데, 빌라델비아, 라오디게아의 일곱 교회
2) 66년부터 135년까지 세 번에 걸쳐 유대 지방의 유대인들이 로마 제국에 대항한 항쟁으로 이 때문에 예루살렘 성이 함락됐고 유대인은 대량 학살됐다.

기둥 하나만 남아 있는
아르테미스 신전 유적

기둥 하나만이 쓸쓸히 – 아르테미스 신전

셀축에서 에페스로 가는 길목에 고대 세계 7대 불가사의 하나인 아르테미스 신전^{Artemis Ta pinagi} 유적이 남아있다. 아르미테스[3]는 그리스 신화의 달의 여신이며 아나돌루의 풍요와 다산의 여신이었고 에페스의 수호신이었다. 기원전 7세기 리디아의 마지막 왕 크로이소스(Kroisos : ?~기원전 546) 때 120년 걸려서 아르미테스 신전이 완공됐다.

---

3) 제우스와 레토의 딸이며 태양신 아폴론의 쌍둥이 누이로 로마 신화에서는 디아나 여신이다.

대리석으로 건축된 장대한 이 신전은 세계에서 가장 오래된 신전이다.

폭 52m, 깊이 112m의 큰 신전으로 아테네의 파르테논 신전의 4배나 된다. 지름 1.8m, 높이 18m의 흰 대리석 기둥 117개가 이오니아 양식으로 두 줄로 배열돼있었다. 신전에 황금과 보석으로 된 15m의 아르테미스 여신상을 모셨다.

지진으로 신전이 7번이나 파괴된 것을 그때마다 재건했다. 그런데 기원전 356년에 자신의 이름을 역사에 길이 남기려는 헤로스트라투스Herostratus라는 백치의 방화로 신전이 불타버렸다.

대리석으로 만든
아름다운 아르테미스 여신상
–이즈미르 고고학 박물관

기원전 325년에 재건됐으나 3세기 고트 족의 침입으로 파괴된 후 방치돼 폐허가 됐다. 그 뒤 비잔틴 시대에 콘스탄티노플에 아야 소피아 대성당을 지으면서 이 신전의 기둥과 돌을 가져가 사용함으로써 신전은 완전히 사라지고 말았다. 지금은 웅장했던 옛 모습은 간곳 없고 기둥 하나만이 쓸쓸히 서 있다.

신전 가까이에 헬레니즘, 고대 로마, 비잔틴 시대의 유물 2만 5천 점을 소장한 에페스 박물관이 있다. 신전에 있었던 두 개의 아르미테스 여신상 중 2세기에 대리석으로 만든 〈아름다운 아르테미스 여신상〉이 이 박물관에 전시되고 있다. 다른 하나는 1세기에 만든 〈위대한 아르테미스 여신상〉으로 오스트리아 빈의 신궁전 박물관에 전시되고 있다. 아르테미스 여신상은 풍요와 다산의 상징으로서 가슴에 많은 유방이 달린 것이 매우 인상적이다.

사도 요한의 무덤과 기념교회

에페스는 기독교가 비교적 일찍 전파된 초기 기독교의 포교사에서 빼놓을 수 없는 곳이다. 사도행전에 따르면 1세기에 사도 바울의 3번에 걸친 전도여행으로 에페스인들은 오랫동안 신앙해온 에페스의 수호신 아르테미스를 버리고 기독교를 신앙하게 됐다. 요한 묵시록에 나오는 소아시아의 일곱 교회 중에서 에페스 교회가 제일 먼저 생겼다.

갈릴리에서 고기를 잡던 어부였다가 예수의 제자가 된 사도 요한^{Saint John}이 그리스도가 죽은 후에 성모 마리아와 함께 만년을 전

사도 요한 무덤과
기념교회의 입구

도하면서 요한복음을 쓴 것도 에페스다. 도미티안 황제의 기독교 박해 때 사도 요한은 밧모섬^{Patmos Island}으로 유배됐다. 이 때 그의 제자 프로코로스^{Prochoros}와 함께 「계시의 동굴」에서 요한 묵시록을 썼다.

셀축의 센트 존 거리에서 북으로 완만한 비탈길을 올라가면 아야수루크^{Ayasuluk} 언덕의 입구에 사도 요한의 무덤과 기념교회^{Aziz Yahya Kilisesi}가 있다. 교회의 북쪽으로 한 단계 높은 언덕에 7세기 이슬람 세력의 공격에 대비하여 비잔틴 제국 시대에 세운 아야수루크 성이 있다.

원래 흰 대리석으로 만든 사도 요한의 무덤 곁에 작은 예배당이 있었다. 이것을 6세기에 로마황제 유스티니아누스가 큰 교회로 개조했으나 14세기에 지진으로 파괴되고 지금은 교회의 벽, 기둥, 바닥 일부가 남아있다. 동서 120m, 남북 80m나 되는 사도 요한 교회는 대리석 바닥의 중심에 십자가 모양으로 된 세례당이 있고 그 위쪽에 교회의 본당이 있다. 본당의 큰 돔 아래 사도 요한의 무덤이 있다.

성모 마리아의 집

성모 마리아의 집
내부 제단

셀축에서 9km, 에페스에서 7km 떨어진 브루브루 산의 중턱에 터키어로 메리예마나^{Meryemana}라고 불리는 가톨릭의 성지 성모 마리아의 집이 자리하고 있다.

사도 요한의 복음서에 따르면 예수는 십자가를 지고 겟세마네 동산으로 가는 도중에 사도 요한에게 성모 마리아를 부탁했다. 예수가 죽은 뒤 유대인의 심한 박해를 피해 사도 요한과 함께 예루살렘에서 에페스로 온 성모 마리아는 승천할 때까지에 이 집에서 살았다.

성경에 사도 요한이 성모 마리아에게 산 위에 집 한 채를 지어준 것으로 기록돼 있으나 그곳이 어딘지 몰랐다. 1878년 독일 수녀 카테리나 에메리히^{Catherine Emmerich}가 꿈에서 성모 마리아를 만난 이야기를 쓴 책《성모 마리아의 생애》에 성모 마리아가 안식한 집과 그 위치를 남겼다. 이곳을 찾아 헤맨 신부 에우겐 폴린^{Eugen Paulin}이 1891년에 에페스 남쪽 산기슭에서 수녀가 꿈에서 본 것과 같은 모양의 집터를 발견했다.

주변의 마을 사람들이 '지극히 거룩한 예배처'라는 뜻으로 그 돌집을 파나야 카풀라^{Panaya Kapula}라고 불렀던 곳이다. 그들은 매년 8월 15일 성모 승천일에 이곳을 순례하고 기도를 올려 왔다고 한다.

지금 성모 마리아의 집은 1951년에 재건한 것이다. 산 아래 입구에 있는 성모 마리아 상을 지나 가파른 산길을 올라가 주차장에서 내려 조금 걸어가면 숲에 둘러싸여 있는 열쇠 구멍 모양의 세례조가 나온다. 그 뒤에 큰 올리브나무 앞에 서 있는 성모 마리아 상이 맞아주는데, 왕관을 쓰고 망토를 입은 모습에 「검은 마리아」라고 불린

다. 그 뒤 우거진 나무 아래 단층 돌집으로 된 성모 마리아의 집이
서 있다. 내부 장식은 매우 간소하며 제단 앞에 촛불이 밝혀져 있다.

  1961년에 교황 요한 23세는 이 성모 마리아의 집을 로마 법황청
의 공인성지로 지정했다. 1967년에 교황 바오로 6세, 1979년에 교
황 요한 바오로 2세, 그리고 2006년에 교황 베네딕토 16세가 이곳
을 방문했다. 매년 8월 15일 성모 마리아의 승천일에 바티칸에서 대
표자가 와서 참배하며 일 년 내내 성지 순례자들이 그치지 않는다.
성모 마리아의 집은 이슬람교에서도 중요한 성지이기 때문에 모슬
렘 순례자들도 많다. 집 밖의 계단 아래 있는 성스러운 우물의 물
을 마시면 병을 고칠 수 있다고 하며 우물곁에 있는 소원의 벽에는
순례자들의 염원이 담긴 쪽지들이 꽉 차있다.

켈세스 도서관의 미덕을 상징하는 아름다운 아레테 여인상

고대 로마의 도시유적
에페스

24

클레오파트라와 안토니우스의 데이트 거리

이즈미르에서 남서로 76㎞에 기원전 3세기 고대 로마 시대의 도시유적 에페스^{Efes(영어로 에페수스Ephesus)}가 자리한다. 에페스는 그리스 신화에 나오는 여자들만의 왕국 아마조네스^{Amazones}의 땅이었다. 에페스라는 지명도 그 왕국의 여왕 이름을 딴 것이다. 아마조네스는 '가슴이 없는 여인들'이란 뜻으로 활을 잘 쏘기 위해서 오른쪽 가슴을 도려낼 정도로 매우 호전적인 여성 무사 족이다.

기원전 11세기 무렵 에게 해 연안에 이오니아인^{Ionian}이 세운 도시국가들 중 하나가 에페스였다. 항구도시였으나 알렉산드로스 대왕 때 대홍수로 파묻혀 지금의 장소로 옮겼다. 로마 시대에는 고대 로마 제국 소아시아의 수도로 상업과 무역의 중심지였다. 에페스의 전성기는 7세기였으나 잦은 지진으로 도시가 흔적도 없이 사라진 것을 19세기에 재발견했다. 지금까지 100년 넘어 발굴·복원을 계속하고 있으나 이제 겨우 도시 전체의 20% 정도가 진행됐다.

대리석 거리 따라 고대 도시유적 산책

남북 2㎞, 동서 1.5㎞의 이 도시유적에는 입출구가 남쪽과 북쪽의 두 곳에 있다. 남쪽 입구로 들어가야 계속 내리막길로 가게 돼 관광하기 쉽다. 남쪽 입구를 들어서면 폭 5m의 흰 대리석 거리가 북쪽 출구까지 길게 뻗어있다.

그 거리를 따라가면 공중 목욕장 바리우스를 시작으로 아고라, 작은 음악당 오데온, 예배당 바실리카, 폴리오의 샘, 도미티아누스 신전, 메미우스 기념비, 헤라클레스의 문, 트라야누스의 샘, 하드리아누스 신전, 공중 화장실, 켈세스 도서관, 유곽 안내도, 야외원형극장이 차례로 나온다. 걸어서 관광하는 데 최소 2시간 걸린다. 유적 내에 나무그늘이 없고 매점도 없어 모자, 양산, 선글라스, 음료수를 준비해야 한다.

공중목욕장 바리우스(2세기)

로마 시대의 집회장, 욕장, 소음악당

남쪽 입구를 들어서면 바로 왼쪽에 넓은 공공광장인 아고라가 나오고 그 오른쪽에 공중목욕장 바리우스와 작은 음악당 오데온이 나온다.

기원전 1세기 무렵 건설된 아고라Agora는 시민의 집회장소다. 이곳에서 정치, 문화, 종교 행사가 열렸고 상거래도 이루어졌다. 광장의 중앙에 아우구스투스 황제 Augustus(기원전 64~서기 14년)의 신전이 있다. 산기

숲에 흔적이 남아있는 바리우스 목욕장Varius Baths은 2세기에 건조된 아치형 건물의 호화로운 로마식 목욕장으로 시민의 사교장으로 이용됐다. 그 곁에 언덕의 비탈을 끼고 2세기 무렵에 지은 작은 음악당 오데온Odeon이 있다. 1,400명을 수용할 수 있는 반원형극장이다. 이곳에서 연극, 음악회, 시 낭송회가 열렸고 의사당으로도 사용됐다.

아고라의 북쪽에 아우구스투스 황제가 지은 예배당 바실리카가 있었으나 지금은 꼭대기에 숫소의 머리가 장식된 흰 대리석 기둥만 남아있다. 그 왼쪽에 있는 도미티아누스 신전Domitian Temple은 로마 황제 도미티아누스Domitianus(51~96년)가 자기를 신으로 섬기게 하려고 세운 신전이다. 기독교도들이 그를 신으로 섬기는 것을 거부하자 네로 황제 못지않게 심한 박해를 했다.

연극과 다채로운 행사를 했던
소형극장 오데온

클레오파트라 7세도
거닐었다는 대리석이 깔린
쿠레테스 거리

대리석이 깔린 쿠레테스 거리

대리석 거리를 따라 조금 가면 메미우스 기념비^{Memmius Monument}가 나온다. 「폰토스의 난」을 평정한 로마의 독재관 술라^{Sulla(기원전 138~78)}를 기념하여 1세기에 에페스의 제3대 통치자였던 그의 손자 메미우스가 세운 것이다.

기념비를 지나 조금 가면 2세기에 건조된 2층으로 된 개선문 헤라클레스의 문^{Heracles Gate}이 나온다. 아치로 연결된 6개의 대리석 기둥으로 되어 있었으나 지금은 네메아의 사자^{Nemean Lion} 가죽을 걸친 헤라클레스의 모습이 새겨져 있는 두 개의 기둥만 남아있다.

그리스 신화에 따르면 네메아의 사자는 화살이 꽂히지도, 창이 뚫리지도, 칼로 베어지지도 않는 괴물이었다. 제우스의 아들로 반신반인의 헤라클레스가 16살 때 이 사자를 죽여 그 지방의 재해를 구했다. 그 후 영웅 헤라클레스는 언제나 그 사자의 가죽을 걸치고 다녔다. 이 문

쿠레테스의 삼거리에서 가장 아름다운 건물 하드리아누스 신전

의 아치에 새겨져 있던 여신 니케의 돋을새김은 땅에 떨어져 있다.

헤라클레스의 문에서 켈세스 도서관까지 대리석이 깔린 쿠레테스Kouretes 거리가 뻗어 있다. 기원전 33년 로마 제국의 장군 안토니우스Antonius(기원전 82~30)를 돕기 위해 클레오파트라 7세Cleopatra VII(기원전 69~30)가 200척의 배를 이끌고 이곳에 왔을 때 둘이서 함께 이 거리를 걸었다는 전설이 남아있다.

쿠레테스 거리 중앙의 북쪽에 2세기에 건조한 트라야누스의 우물Foutain of Trajan이 있다. 아치로 장식된 우물의 가운데 있는 황제 동상의 발에서 물이 흘러나왔다고 한다. 지금은 받침대에 그의 발만 남아있다.

승리의 여신 니케 상

이어서 나오는 삼거리의 오른쪽에 왼손에 월계관, 오른 손에 종려나무 잎을 쥔 날개 달린 승리의 여신 니케 상이 있다. 로마 신화에서는 빅토리아(승리)라고 불린 여신이다.

아름다운 하드리아누스 신전

로마 시대의 대리석으로 만든
수세식 공중 화장실

쿠레테스의 삼거리에서 가장 아름다운 건물은 하드리아누스 신전 Hadrian Tapnagi이다. 2세기에 에페스를 가장 사랑한 로마 황제 하드리아누스에게 에페스의 시민이 바친 코린도식 신전이다. 신전 입구에 네 개의 아름다운 아치 기둥이 서 있다. 아치의 중앙에 그리스 신화의 운명의 여신 티케의 흉상, 그 안쪽에 메두사가 새겨져 있다. 그 아래 벽에 에페스 건립의 전설을 담은 돋을새김이 있다. 그 건너편에 아름다운 모자이크 무늬의 보도가 남아있다. 하드리아누스 신전의 왼쪽에 기원 1세기 무렵 로마 시대의 대리석으로 만든 수세식 공중 화장실의 변기가 나란히 줄지어 있다. 돌로 만든 벤치처럼 보이는 화장실은 앉는 자리에 구멍이 나 있으며 칸막이가 없다.

하드리아누스 신전
스스로 신이 되기를 원한 황제가
자기이름을 따서 만든 신전

켈수스 도서관

쿠레테스 거리의 끝에 에페스에서 가장 웅장하고 화려한 켈수스 Celsus 도서관이 있다. 지금은 도서관 자리에 16개의 코린트식 기둥으로 된 2층 건물이 남아있다. 2세기 초 소아시아의 집정관이었던 아퀼라Aquila가 에페스의 통치자였던 그의 아버지 켈수스 폴레마이아누스Celsus Polemaeanus의 무덤을 만들려다가 승인을 얻지 못하자 대신 기념 도서관을 만들었다. 1만 2천 권이 넘는 장서가 있었던 이 도서관은 페르가몬의 아크로폴리스 도서관, 고대 이집트의 알렉산드리아 도서관과 더불어 세계 3대 도서관의 하나였다.

대리석으로 만든 도서관에는 세 개의 문이 있는데 문 사이의 벽을 소피아(지혜), 에피스테메(운명), 엔노이아(학문), 아레테(미덕)를 상징하는 아름다운 여성상으로 장식하고 있다. 이곳에 있는 것은 모조품

쿠레테스 거리의 끝
에페스에서 가장 웅장하고 화려한
켈수스 도서관

대리석 바닥에 새겨져 있는
유곽의 안내판

이고 진품은 오스트리아 빈에 있는 에페스 미술관에 전시되고 있다. 켈수스 폴레마이아누스의 관이 도서관 아래 지하에 안치돼 있다.

　도서관에서부터 북쪽으로 대형 야외극장까지 대리석 거리가 뻗어있다. 이 거리는 아르테미스 신전까지 연결된 「성스러운 거리」의 일부였다. 클레오파트라 7세도 걸었다는 거리다. 이 거리의 중간에 목욕탕이 달린 작은 방이 빼곡히 늘어서 있는 유곽이 있었다. 대리석 바닥에 세계에서 가장 오래된 광고로 알려진 유곽의 안내판이 새겨져 있다. 이 고대의 광고에 관을 쓴 창녀의 얼굴, 유곽이 있는 방향을 가리키는 발자국이 새겨져 있다. 발자국보다 발이 작으면 미성년자라 해서 입장할 수 없었다고 한다.

반원형 야외 대극장

대리석 거리와 항구로 가는 아르가디아네 거리가 만나는 곳에 고대 로마 시대의 반원형 야외극장Büyük Tiyatro이 있다. 높이 38m, 반경 158m, 3단 구조에 모두 66계단으로 된 이 야외극장은 헬레니즘 시대 건설했고 로마 시대에 확장했으며 2만 5천 명을 수용할 수 있었다. 연극의 공연장과 검투사들의 격투장으로 사용됐다. 사도 바울이 3번째 전도여행 때 여기서 설교를 했다. 지금도 각종 공연이나 행사장으로 사용되고 있다.

　야외극장에서 항구까지 4세기에 아르카디우스 황제 때 만든 아르가디아네 거리가 일직선으로 뻗어 있다. 길이 500m, 폭 11m의 이 거리는 바닥에 대리석이 깔렸으며 보도는 모자이크로 장식돼 있다. 거리의 양쪽에 대리석 기둥이 서 있다. 배로 도착한 많은 로마인이

항구에서 이 거리를 통해 에페스로 왔다.

　에페스는 성경에 에베소로 나온다. 이곳은 요한 묵시록에 나오는 초대 일곱 교회 중의 하나다. 북쪽 문 밖에 431년과 449년에 에페스 공회의가 열렸던 성모 마리아 교회가 있다. 성모 마리아의 성성^{聖性}에 대한 격론이 벌어졌던 종교회의다. 이 종교회의에서 성모 마리아가 「테오도코스^{Thootokoo(신의 이머니)}」라는 존칭이 공식적으로 인성됐다. 성모 마리아를 「크리스토토코스」^(그리스도의 어머니)라고 주장했던 네스토리우스^{Nestorius} 파가 이단으로 단죄된 기독교 역사상 매우 중요한 의미가 있는 교회다.

페르가몬의 아크로폴리스에 남아 있는 트라야누스 신전 유적의 기둥들

헬레니즘 문명의 유산 베르가마

25

높은 언덕과 가파른 경사의 헬레니즘 도시유적

이즈미르와 트로이 사이의 에게 해 근처에 「제2의 아테네」라고 불리었던 고도 베르가마^{Bergama}가 있다. 옛 이름이 페르가몬 Pergamon으로 페르가몬 왕국^(기원전 281~133)의 수도였다. 고대 이집트의 알렉산드리아와 더불어 헬레니즘 문명의 중심지였던 이곳에 헬레니즘 시대의 도시유적이 남아있다.

페르가몬 왕국은 알렉산드로스 대왕이 죽은 후, 그의 부하 장군 필레타이로스^{Philetairos}가 세운 왕국으로 기원전 3세기부터 약 150년 동안 아나돌루 서부를 지배하다가 기원전 2세기 후반에 로마 제국 의 속주가 됐다.

페르가몬 유적은 고도 335m의 언덕과 가파른 경사를 이용하여 건설한 헬레니즘 시대의 도시유적이다. 언덕의 맨 위가 아크로폴리 스^{Akropolis} 유적으로 왕궁, 신전, 제단, 극장이 있고 그 남서쪽으로 조금 떨어져서 의료센터 아스클레피에이온 유적이 있다.

아크로폴리스와 제우스 제단

버스로 비탈길을 따라 언덕 꼭대기로 올라가면 로마 시대의 성벽
이 둘러싸고 있는 아크로폴리스^{Akropolis}가 나온다. 아크로폴리스는
하시^{下市}, 중시^{中市}, 상시^{上市}로 나뉘어 있으나 볼거리는 상시에 집중
돼 있다.

아크로폴리스의 입구 오른쪽에 헬레니즘 시대에 지은 아테나 신
전, 페르가몬 도서관, 디오니소스 신전, 로마 시대에 세운 흰 대리
석의 토라야누스 신전, 왕궁터, 기원전 3세기에 만든 세계에서 가
장 오래된 무기창고 등이 있다. 입구 왼쪽에는 갈리아인과 싸움에

서의 승리를 기념하여 지은 제우스 제단이 있었던 장소에 일부 유적이 남아있다.

아테나 신전은 기원전 4세기에 세운 신전으로 페르가몬의 신전 중 가장 오래됐다. 신전 건물은 베를린의 페르가몬 박물관에 옮겨져 있으며 현재 이곳에는 신전 터만 남아있다. 이 신전을 장식했던 헬레니즘 예술의 최고 걸작인 〈빈사의 갈리아인〉과 〈갈리아인과 그의 아내〉의 조각들은 율리우스 카이사르가 가져가 로마의 카피톨리노 미술관에서 전시되고 있다.

아테나 신전 옆의 폐허에 흩어져 있는 돌덩어리들은 페르가몬 도서관의 잔해들이다. 이 도서관은 당시 이집트의 알렉산드리아 도서관과 에페스의 켈세스 도서관과 함께 세계 3대 도서관의 하나였다. 이 도서관에 소장된 장서가 20만 권을 넘었으나 8세기 아랍인의 침입 때 모두 불타버렸다.

이집트의 프톨레마이오스 왕조는 알렉산드리아 도서관과 경쟁 관계에 있던 페르가몬 도서관이 책을 만들 수 없도록 하려고 독점하고 있던 갈댓잎으로 만든 종이 파피루스Papyrus의 수출을 금지했다.

이에 맞서 페르가몬은 파피루스보다 더 내구성이 강한 새로운 종이 양피지羊皮紙를 개발했다. 영어로 파치멘트parchment라고 불리는 양피지는 '페르가본의 송이'라는 뜻의 그리스어 페르가메네pergamene에서 온 말이다. 8세기 이후에는 양이나 염소의 가죽을 얇게 펴서 말린 양피지를 파피루스보다 더 많이 쓰게 되어 종이가 일반화되기 전까지 사용했다.

언덕의 중간에 있는
헬레니즘 시대의 반원형 야외극장

　　언덕의 맨 꼭대기에 페르가몬을 세계적으로 유명하게 한 제우
스 제단 유적이 있다. 이 제단은 갈리아인(켈트족의 일파)과의 싸움에서
승리한 것을 기념하여 기원전 2세기 에우메네스 2세Eumenes II(?~기원전
160/159)가 만들어 제우스신에게 바친 제단이다. 5층으로 된 제단의 기
초에 길이 100m의 돋을새김 〈거인들의 싸움(기간토마키아Giganthomachia)〉
이 새겨져 있었으나 현재 베를린의 페르가몬 박물관에서 전시되고
있다. 이 돋을새김은 그리스 신화에 나오는 올림포스의 신들과 거
인 족 기간테스와의 싸움 이야기를 묘사한 것이다. 언덕의 중간에
헬레니즘 시대에 만든 반원형 야외극장이 있다.

의료센터 아스클레피에이온

아스클레피에이온^{Asklepieion}은 페르가몬 왕국의 성역인 동시에 종합 병원이었다. 하드리아누스 황제 시대에 건설됐으며 그리스 신화의 의학의 신 아스클레피오스^{Asklēpios}에게 바친 병원이다.

재생의 상징인
뱀을 새겨놓은 기둥

대리석이 깔린 「성스러운 길」을 따라 안으로 들어가면 끝에 의학의 상징인 뱀 조각이 새겨져 있는 기둥이 서 있다. 중환자가 절망 끝에 뱀의 독을 마시면 오히려 병이 나았다는 데서 유래된 것이다.

아스클레피오스는 헬레니즘 시대 치료의 신으로 숭배되었으나 기독교가 로마 제국의 국교가 되면서 사라졌다. 그리스 신화에서 아스클레피오스는 아폴론의 아들로 의술의 신이었다. 그는 죽은 사람도 살릴 수 있기 때문에 제우스는 인간이 그의 도움으로 죽지 않고 영생하는 것이 두려워 번개를 쳐 죽였다. 그러나 아폴론의 요청으로 제우스는 그를 별로 바꾸었으며 밤하늘의 별자리 오피우커스^{Ophiuchus(뱀주인자리)}가 됐다고 한다.

군의관의 군복 깃에 달린 기장^{旗章}이나 세계보건기구^{WHO}의 상징으로 똬리를 틀면서 지팡이를 기어오르는 한 마리의 뱀을 볼 수 있다. 의술을 상징하는 아스클레피오스의 지팡이 카드케우스^{Caduceus} (의신장. 醫神杖)이다. 기독교 세계에서 뱀은 저주의 대상인 악마로 취급하나, 그 이전의 세계에서 뱀은 재생의 상징으로 숭배됐다. 뱀이 허물을 벗는 것이 죽음으로 부터의 부활을 상상한 것이나. 치료의 신 아스클레피오스의 옆에는 언제나 뱀이 있다. 아스클레피오스의 두 아들은 트로이 전쟁에 참전하여 인류 역사상 최초의 군의관이 됐다.

트로이의 목마

트로이
유적
《일리아스》와 《오디세이아》의 무대

아나돌루의 북서부, 차낙칼레^{Çanakkale}(영어로 다르다넬스^{Dardanelles}) 해협의 아시아 쪽 내륙의 히살리크 언덕, 그곳이 호메로스의 영웅 대서사시 《일리아스^{Ilias}》와 《오디세이아^{Odysseia}》의 무대 트로이^{Troy}다.[4] 트로이는 스파르타의 아름다운 왕비 헬레네를 둘러싸고 일어난 트로이와 고대 그리스와의 10년 전쟁에서 그리스군의 목마 계략으로 함락되어 버린 고대 도시다. 트로이 전쟁에 대한 그리스 신화 이야기는 이러하다. 지금의 차낙칼레 해협의 남쪽 해안에 솟아 있는 명산인, 이다 산$^{Ida \, Mt}$은 최고신 제우스가 태어나고 헤라 여신과 결혼한 그리스 신화의 무대다. 트로이 전쟁은 이 산에서 최고신 세우스가 세운 세락으로 생긴 어신들의 싸움에서 시작된다.

---

4) 영어 트로이^{Troy}는 그리스어 트로이아^{Troia}, 터키어로 트루바^{Truva}이며 호메로스의 《일리아스》에서 일리오스^{Ilios}로 나온다.

그리스의 세 여신중 최고 미인을
선택하고 있는 목동 파리스를 그린
루벤스의 〈파리스의 심판〉
−마드리드의 프라도 미술관 소장

트로이 왕국의 프리아모스 왕은 헤카베 왕비가 트로이 성이 불
타버리는 태몽을 꾸고 왕자를 낳자 불길한 징조라고 해서 이다 산
에 버린다. 그러나 지나가던 양치기가 왕자를 구조하여 이름을 파
리스Paris라 하여 기르게 된다. 자기가 트로이 왕국의 왕자라는 것도
모르고 자란 그는 제우스의 양치기가 된다.

인간이 계속 늘어나는 데 위협을 느낀 제우스는 전쟁을 일으켜
인간을 줄이려고 마음먹는다. 그는 질투의 여신 에리스를 시켜 테
티스의 결혼식에 참석한 아테나, 헤라, 아프로디테에게 '가장 아름
다운 여신에게'라는 글을 새긴 황금 사과 하나를 던지게 한다. 세

여신은 자신이 가장 아름다우므로 서로 사과를 갖겠다고 싸우게 된다. 그래서 양치기 파리스가 셋 중 가장 아름다운 여신을 가리는 심판을 맡게 된다. 이때 아프로티테가 자신에게 사과를 주면 세상에서 가장 아름다운 여자를 주겠노라고 제안하자, 파리스는 그만 그녀에게 황금 사과를 주고 만다. 그래서 그리스 신화에서는 이 사과를 「불화의 사과」라 부른다.

후에 트로이로 돌아가 왕이 된 파리스는 기원전 1,200년 무렵 스파르타를 방문한다. 문제는 스파르타 왕 메넬라오스의 왕비인 헬레네Helene가 바로 아프로디테가 약속한 세상에서 가장 아름다운 여자였다는 것이다. 아프로디테의 도움을 받은 파리스는 헬레네 왕비를 유혹하여 트로이로 납치해온다. 헬레네를 탈환하기 위해 메넬라오스는 형인 미케네의 왕 아가멤논Agamemnon[5]을 총사령관으로 한 그리스 연합군을 편성하여 수백 척의 배로 에게 해를 건너 트로이로 쳐들어 간다.

10년이나 전쟁이 계속됐으나 트로이는 난공불락이었다. 결국, 그리스군의 지장 오디세우스Odysseus는 목마작전을 세운다. 거대한 목마를 만들고 그 속에 그리스 정예군 50명을 숨겨 성벽 앞의 광장에 버려두고 그리스군은 철수해버린다. 신관의 반대에도 트로이군은 이 목마를 성 안으로 옮겨 아테나 신전에 바친다. 그리스군의 계략도 모르고 트로이군은 전승을 기념하여 축제를 열고 만취가 돼 잠

트로이 원정군의
그리스군 총사령관
아가멤논의 황금 마스크

---

5) 그리스 신화의 영웅으로 도시국가 미케네의 왕이다. 호메로스의 대서사시에서는 트로이 원정군의 총사령관으로 트로이 전쟁이 끝난 뒤 귀국하여 아내에게 암살된다.

들어 버린다. 이 사이 목마에 숨어 있던 그리스 정예군이 나와 성문을 열고, 성 밖에 대기하고 있던 대군은 순식간에 트로이 성을 함락해 버린다. 여신들의 경쟁으로 시작돼 10년이나 걸린 트로이 전쟁은 그리스군의 승리로 끝나고 헬레네는 스파르타로 돌아간다. 이렇게 트로이 전쟁은 막을 내린다.

고대 로마의 시인 베르길리우스의 서사시 《아이네이스Aeneis》에 따르면 트로이 전쟁의 영웅 아이네이아스Aeneas는 트로이가 멸망한 후 로마로 건너가 고대 로마 제국의 건국시조가 된 것으로 묘사하고 있다.

호메로스의 대서사시 《일리아스》

그리스 신화를 소재로 고대 그리스의 눈먼 시인 호메로스가 기원전 8세기에 완성한 대영웅 서사시가 고대 그리스 최대·최고의 고전 《일리아스Ilias》와 《오디세이아Odysseia》[6]다. 《일리아스》는 10년 걸린 트로이 전쟁 중 트로이가 멸망하기 직전의 마지막 10일의 이야기다. 《오디세이아》는 전쟁이 끝난 뒤 영웅 오디세우스Odysseus가 그리스로 돌아가면서 겪은 모험이야기다. 일리아스는 '일리온(트로이의 별명)의 노래'라는 뜻이다.

---

6) 그리스어 일리아스는 영어로 일리아드Iliad다. 트로이의 별명 일리오스Ilios에서 유래됐다. 일리아스는 '일리오스 이야기'라는 뜻이다. 오디세이아는 영어로 오디세이Odyssey로 이타카의 왕 오디세우스에서 유래되었으며 '오디세우스의 노래'라는 뜻이다.

트로이의 목마

이스탄불에서 남서로 320㎞, 이즈미르에서 북서로 5시간, 그곳에
에게 해와 마르마라 해를 잇는 전략적으로 매우 중요한 차낙칼레
해협이 있다. 이 해협은 그리스 신화의 헤로와 레안드로스 이야기
에 나오는 곳이다. 아프로디테의 처녀 사제인 헤로에게 반한 레안
드로스는 매일 밤 바다를 헤엄쳐 건너다니며 헤로와 사랑을 나누
었다. 그러다가 어느 날 밤 폭풍을 만나 레안드로스는 그만 바다에
빠져 죽고 만다는 전설이다. 이 슬픈 두 남녀의 사랑 이야기는 영
국의 낭만파 시인 바이런의 시《아비도스의 신부》[1813년]에도 나온다.

이 해협의 아시아 쪽 해안에 트로이 유적의 관광기점인 항구도시 차낙칼레Çanakkale가 있다. 이 해협은 제1차 대전 때 격전지였다. 영국군이 이스탄불을 공격하기 위해 차낙칼레 해협의 제해권을 장악하려 했다가 오스만군의 강력한 방어로 실패했다. 이때 오스만군의 사령관이 후에 터키 공화국을 세운 무스타파 케말 파샤(장군)였다. 현재 차낙칼레에는 전사자 위령탑과 군사 박물관이 있다. 이곳 해안에도 트로이 목마가 서 있다.

차낙칼레에서 올리브 나무가 계속되는 길을 따라 남으로 30㎞, 노송들이 우거진 산길을 올라가면 히살리크 언덕에 트로이 전쟁의 무대였던 유적이 나온다.

트로이는 오천 년 역사의 고대 그리스 도시국가의 유적이다. 사람들은 19세기까지 트로이 목마나 트로이 전쟁은 그리스 신화에 나오는 전설로만 알았다. 그런데 끈질긴 발굴로 이 전설이 실제로 있

었던 전쟁임을 밝힌 사람이 바로 독일인 슐리만이다.

유적의 입구에는 트로이의 상징인 「트로이의 목마^{Trojan Horse}」가 서 있다. 높이 12m의 이 목마는 2천 년 전의 트로이 전쟁을 기념하기 위해 1975년에 복원한 것이다. 사다리를 타고 올라가면 목마 옆구리의 창문으로 싸움터였던 바다와 평야가 보인다.

트로이에 최초의 도시가 생긴 것은 기원전 3천 년 무렵이다. 그 뒤 기원전 4세기까지 아홉 도시가 층층으로 겹쳐서 건설됐다. 호메로스의 대서사시에는 장대한 도시국가로 묘사되어 있으나 실제로는 지름 600m밖에 안 되는 작은 도시국가였다. 현재 유적은 4천 년 전의 성벽, 3천 년 전의 주거지 흔적, 로마 시대의 반원형 음악당 등 시대 순으로 볼 수 있도록 되어있다. 그러나 관광객의 눈에는 돌벽만이 보일 뿐 안내원의 설명이 없으면 어디가 어딘지 알 수 없다. 전체를 보는 데 1시간 반 가까이 걸린다.

트로이 유적

슐리만의 트로이 유적 발굴

독일의 하인리히 슐리만Heinrich Schliemann(1822~1890)이 발굴할 때까지 오랫동안 트로이는 그리스 신화에 나오는 전설의 도시로 여겨왔다. 그는 어릴 때 읽은 호메로스의 대서사시에 나오는 트로이 전쟁이 신화가 아니라 실제로 있었던 전쟁으로 확신하고 있었다. 끈질긴 탐구로 1871년에 발굴을 시작하여 3년 만에 트로이 유적을 발견했다.

슐리만은 유적의 2층에서 약 8천 점의 유물을 발굴했다. 이 유물을 그리스 신화의 트로이 왕의 이름을 따서 「프리아모스의 보물」이라고 부른다. 금관을 비롯하여 많은 유물이 모두 독일로 밀반출되었고, 1881년 베를린 박물관에서 처음으로 공개하여 찬란한

9층을 이루고 있는
트로이 유적의 복원도

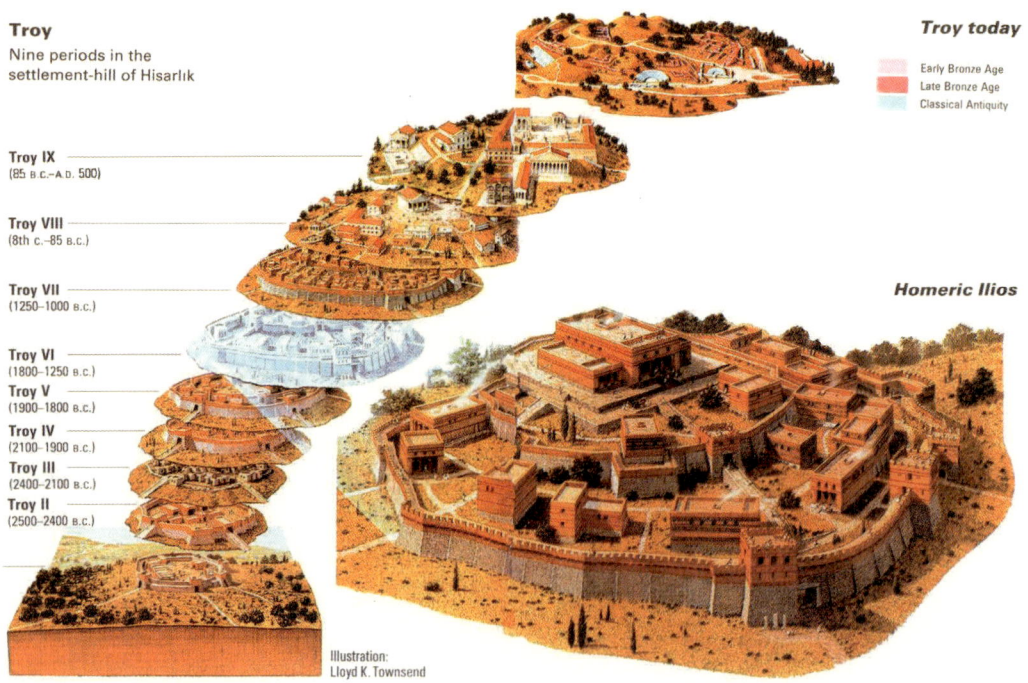

Troy
Nine periods in the
settlement-hill of Hisarlık

Troy IX
(85 B.C.–A.D. 500)

Troy VIII
(8th c.–85 B.C.)

Troy VII
(1250–1000 B.C.)

Troy VI
(1800–1250 B.C.)

Troy V
(1900–1800 B.C.)

Troy IV
(2100–1900 B.C.)

Troy III
(2400–2100 B.C.)

Troy II
(2500–2400 B.C.)

Troy today

Early Bronze Age
Late Bronze Age
Classical Antiquity

Homeric Ilios

Illustration:
Lloyd K. Townsend

트로이문화를 세상에 널리 알렸다. 1945년 베를린을 점령한 소련군이 탈취해 간 「프리아모스의 보물」은 현재 모스크바의 푸시킨 미술관에서 소장하고 있다. 일부 유물만이 트로이 유적의 입구에 있는 작은 박물관에서 전시되고 있다.

슐리만은 트로이 유적의 발견자이지만, 터키에서는 그를 유적의 파괴자이며 유물의 약탈자로 평가한다. 현재 트로이 유적은 슐리만이 모두 파괴해 돌무더기만 남아 있을 뿐 볼 것이 별로 없다. 역사를 알면 그런대로 남아 있는 흔적을 통해 그 당시를 상상해볼 수밖에 없다.

「프리아모스의 보물」

동지중해의 안탈야 선착장에서 본 관광선

최고 해양 리조트 안탈야

27

선사시대 이전의 인류 거주 흔적도

동지중해의 중요한 관광도시 안탈야^{Antalya}, 오랜 역사와 자연이 어우러져 있는 아름다운 항구도시로 지중해 연안의 최고 해양 리조트다. 기원전 1세기 페르가몬 왕국의 아타루스 2세 ^{Attalus II(기원전 220~138)}가 세운 도시라 해서 안탈레이아로 불리게 된 것이 안탈야의 유래다.

안탈야는 구시가와 신시가로 나뉘어 있다. 대표적인 유적으로 이블리 미나레와 하드리아누스 문이 있다. 안탈야의 명물 시계탑이 있는 작은 공원 앞에 붉은 벽돌색이 감도는 높이 38m의 이블리 미나레^{Yüvli Minare}가 서 있다. 안탈야의 상징으로 13세기 룸 셀주크 시대에 지은 모스크의 첨탑이었으나 모스크는 타버리고 첨탑만 남아있다. 그 곁에 아타튀르크의 동상이 서 있다.

신시가의 입구에 2세기에 로마 황제 하드리아누스를 기념하여 만든 하드리아누스 문이 남아 있다. 3개의 아치가 연이어 있는 문

안탈야의 상징인
높이 38미터의 이블리 미나레

의 기둥이 섬세한 조각으로 장식돼 있다. 도심의 건물들에 에워싸여 있으며 보존상태가 좋지 않다.

안탈야 근처의 유적에서 발굴된 유물들을 전시하고 있는 안탈야 고고학 박물관이 유명하다. 보존상태가 좋고 예술적 가치가 높은 고대 로마 시대의 제우스 상, 아테나 상, 그밖에 기원전 5세기의 전형적인 그리스 조각양식의 헤르메스 상, 태양신 아폴론의 머리 상, 반인반신인 헤라클레스의 전설이 새겨져 있는 석관, 그리스 신화에 나오는 신들의 조각상이 전시되고 있다. 이 박물관의 기독교 성화도 유명하다.

안탈야의 근교에 그리스, 로마 시대의 고대유적들이 많다. 그중 대표적인 것이 안탈야에서 25km 떨어진 곳에 있는 카라인 동굴로 선사시대 이전에 인류가 거주했던 흔적이 남아있는 유적이다. 안탈야의 서쪽 해안은 휴양지로 유명해 일 년 내내 외국인 휴양객들로 붐빈다.

동지중해 연안 관광지

동지중해 연안에는 리조트로 유명한 아란야, 사도 바울의 고향 다르수스, 터키 최남단의 국경도시 안티오키아가 있다. 안탈야에서 해안 따라 동남으로 125km, 성벽이 있는 지중해 굴지의 리조트로

유명한 아란야^{Alanya}는 로마 시대에는 해적의 소굴로 알려져 있던 항구도시다. 하얀 해변의 클레오파트라 비치가 유명하다.

볼거리로는 아란야의 상징인 13세기 룸 셀주크 시대의 아란야 성^{Alanya Kalesi}, 높이 35m의 거대한 벽돌색 팔각형 탑 크즐 쿠레^{Kızıl Kule}(붉은 탑), 아름다운 해안으로 이름난 클레오파트라 비치 끝에 있는 종유동 동굴 다므라타쉬^{Damlataş} 그리고 아란야 박물관이 있다.

지중해 연안의 동으로 계속 가면 사도 바울의 고향 다르수스^{Tarsus}가 나온다. 아담의 세 아들 중 막내인 셋^{Seth}이 세운 도시라고 전해지고 있다. 돌로 만든 사도 바울의 우물 하나가 남아 있다. 다르수스는 로마 시대에 클레오파트라가 아름다운 배를 타고 와서 안토니우를 만난 곳이기도 하다. 주변에 「7인의 잠자는 성자들의 동굴」이 있다.

터키 최남단의 시리아 근처에 안티키아^{Antakya(지금의 안티오키아)}가 있다. 고대 로마 시대에는 로마, 알렉산드리아와 함께 세계 3대 도시의 하나였다.

볼거리로는 아르케오로지^(모자이크) 박물관과 성 베드로의 동굴 교회가 있다. 모자이크 박물관은 안타키아 근교와 하르비에 유적에

서 출토된 모자이크가 전시되고 있다. 고대 로마 시대의 모자이크 콜렉션으로 세계적으로 유명하다. 그리스 신화나 성서에 나오는 장면이 담긴 모자이크도 있다.

　　바위산의 절벽을 깎아서 만든 성 베드로의 동굴 교회는 예루살렘에서 유대교인들의 박해가 심해지자 초기 기독교인들이 성 베드로를 따라와서 피난한 동굴이다. 이 교회에서 기도하고 있던 기독교인들을 처음으로 크리스천^{Christian(그리스도인)}이라고 불렀다. 동굴 안쪽 벽에는 천국의 열쇠와 두루마리 성경을 양손에 든 베드로 상이 있다.

사도 바울의 우물

EAST TURKEY

흑해와 동부 터키

높이 270미터의 절벽에 자리한 쉬멜라 수도원

터키 북부
흑해 연안

검은 바다와 고르디온, 사프란볼루, 트라브존

유럽과 아시아 사이에 있는 흑해는 동서로 1,500㎞, 남북으로 600㎞에 면적이 41만㎢로 우리나라의 2배나 되는 큰 내해內海다. 흑해는 터키어로 '검은 바다'라는 뜻으로 카라테니즈Karadenizi라고 부른다. '흰 바다'를 뜻하는 악데니즈Akdenizi라고 부르는 지중해와 대조를 이룬다. 짙푸른 바다인데도 「검은 바다」라고 부르게 된 것은 이따금 폭풍이나 짙은 안개로 바다가 위험에 휩싸이고 검게 보여 오스만 시대부터 그렇게 불렀던 데서 비롯된다.

동서로 뻗어 있는 폰투스 산맥의 산과 계곡과 언덕이 흑해에 직접 돌출해있어 해안 일대는 기복이 심하고 숲이 많다. 높은 산맥과 긴 해안 사이에 펼쳐져 있는 좁다란 평야는 곡창으로 농산물이 풍부하게 생산된다. 터키인들이 즐겨 마시는 터키 차이Çay(홍차)의 생산지로도 유명하다. 매우 덥고 건조한 중부 고원지대와는 달리 온화하고 비가 많은 해양성 기후로 일 년 내내 기온의 차가 거의 없다.

흑해 연안의 대표적인 관광지로는 전설의 왕 미다스의 무덤이 있는 고르디온, 유네스코의 세계문화유산인 사프란볼루, 작은 콘스탄티노플이라 불리는 트라브존이 있다.

전설 속의 왕 미다스

누구나 어릴 때 그리스 신화에 나오는 손에 닿는 것은 모두 황금으로 변하게 한다는 〈황금의 손〉과 당나귀처럼 큰 귀를 가졌다는 〈임금님의 귀는 당나귀 귀〉의 동화를 재미있게 읽었을 것이다. 그 전설의 왕이 바로 고대 왕국 프리기아Phrygia의 미다스 왕이다.

앙카라에서 남서로 94㎞, 힐리스 강기슭에 자리한 프리기아 왕국의 수도였던 고르디온Gordion(지금의 이름은 얏스회윅Yassıhöyük), 그곳은 고대 페르시아와 아나돌루를 잇는 「왕의 길」[1]이 지나가는 교통의 요충으로 번영을 누렸다. 기원전 4세기 무렵 동방 원정 중에 이곳을 지나간 알렉산드로스 대왕이 〈고르디온의 매듭Gordion Knot〉의 전설을 남긴 곳이기도 하다.

이곳에 〈황금의 손〉의 전설을 남긴 미다스 왕의 무덤이 있다. 이곳에서 발굴된 나전 장식의 옥좌와 미다스의 청동상 등 유물들은 모두 앙카라의 아나돌루 문명 박물관에서 전시되고 있다.

프리기아인은 「프리기아 모자」라고 불리는 둥근 기둥 모양에 뾰

프랑스의 자유·평등·박애의 상징인 「프리기아 모자」를 쓴 마리안

1) 아케메네스 왕조 페르시아의 다리우스 1세(기원전 522~485년)가 만든 페르시아의 수도 수사Susa(현재의 이란의 서남부)와 아나돌루의 리디아 왕국의 수도 사르디스(지금의 사르트)의 2700㎞를 잇는 길로, 알렉산더 대왕이 페르시아를 정벌할 때 이용했다.

족한 끝이 굽은 특징 있는 모자를 썼다. 「자유의 모자」라고도 불리는 이 모자는 로마 시대에 노예가 해방되면 썼기 때문에 자유의 상징이 되어 프랑스 혁명 때 시민군을 상징하는 아이콘으로 널리 쓰였다. 프랑스의 자유·평등·박애를 상징하는 가공의 여성인 마리안 Marianne도 이 모자를 쓰고 있다.

미다스 왕의 전설에서 유래한 〈황금의 손〉은 '지나친 욕심' 이라는 뜻으로, 그리고 〈고르디온의 매듭〉은 '해결하기 어려운 문제를 대담한 행동으로 해결한다'는 뜻으로 오늘날 널리 인용되고 있다.

고르디온에 있는
〈황금의 손〉 전설을 남긴
미다스 왕의 무덤

도시 전체가 세계문화유산 - 사프란볼루

흑해의 남쪽 연안에서 내륙으로 100㎞, 앙카라에서 북으로 225km, 그곳에 동화 속의 마을처럼 아기자기한 도시 사프란볼루^{Safranbolu}가 고즈넉이 자리하고 있다. 숲이 우거진 산으로 둘러싸인 높이 485m 의 좁은 계곡에 오스만 시대의 고색창연한 돌길과 전통 목조 가옥 들이 옛 모습 그대로 남아있다. 도시 전체가 세계문화유산으로 지 정돼 있다.

지금은 인구 2만 7천 명밖에 안 되는 작은 도시이지만, 14~17세 기의 오스만 시대에는 실크로드의 중계지로 동서무역의 중심지였 다. 예로부터 이곳은 머리 염색약이나 향료의 원료로 쓰이는 꽃 사 프란^{Saffron}의 집산지다.

사프란은 터키가 원산지로 늦가을에 밤에만 피는 보라색 꽃이 다. 사프란이라는 이름은 '노란색'을 뜻하는 아랍어 자파란^{Zafaran}에 서 유래됐다. 꽃말은 '지나간 행복'이다. 사프란 꽃에는 늦가을에 꽃 을 쫓아 헤매는 어린 양을 위해 여신이 준 꽃이라는 전설이 남아있 다. 사프란으로 만든 염료는 고상한 향기가 있어 고대 그리스나 로 마 시대에는 왕실의 의상을 염색하는데 많이 쓰였다. 중세의 옛 마 을 분위기가 짙게 묻어나는 사프란볼루에서 오스만풍의 돌길을 따 라 걷다 보면 2천여 채의 하얀 벽과 붉은 지붕의 2~3층짜리 독특한 전통 목조 가옥들을 만난다. 창문이 많은 것이 특징이다.

사프란

사프란볼루의 고색창연한 전통 목조 가옥들

오스만 시대의
옛 모습 그대로의 돌길과
전통가옥들

구시가의 챠르시^{Çarşı} 광장을 중심으로 그 주변에 오스만 시대에 지은 쾨프륄뤼 자미^{Köprülü Camii}, 이제트메흐메드 파샤 자미^{İzet Mehmed Paşa Camii} 등 25개의 모스크, 쉴레이만 파샤 이슬람 학교, 터키식 전통 목욕탕 하맘, 실크로드를 오가던 대상들의 숙소 캬라반사라이, 박물관, 분수와 무덤, 재래시장, 그리고 8개의 폭포가 있다.

작은 도시라 걸어서 관광할 수 있다. 걷다 보면 계곡의 비탈에 사방으로 늘어서 있는 오스만 시대의 목조 가옥들을 만날 수 있다. 가옥은 여름용과 겨울용이 있으며 대부분이 14세기에 건축한 것으로 오스만 시대의 정취를 느낄 수 있다. 좁다란 골목의 돌길을 따라서는 레스토랑과 기념품 상점들이 즐비하다.

사프란볼루의 호텔은 대부분이 옛 목조 가옥을 개조한 것이다. 그중에서도 17세기에 지은 카라반사라이였던 진지 한^{Cinci Han}은 고급 호텔로 사용되고 있다. 분위기가 민박에 가까운 이곳에서 하루를 묵는 것도 터키 여행의 좋은 추억이 될 것이다.

사프란볼루의 명품으로는 사프란을 넣어 만든 황색의 터키식 젤리 과자 로쿰^{lokum}과 사프란으로 만든 사프란 차^{saffron tea}가 유명하다. 로쿰은 오스만 시대에 궁전에서 즐겨 먹던 과자다. 사프란 차는 동의보감에도 나오는 두통과 편두통에 좋다는 약용차다. 「사자의 젖」이라고 불리는 터키의 전통 술 라크^{raki}도 유명한데 물을 섞어 마신다.

작은 콘스탄티노플 – 트라브존

이스탄불에서 동으로 1,083㎞, 흑해에 돌출해 있는 산기슭에 항구 도시 트라브존^{Trabzon}이 자리한다. 옛 이름이 트래비존드^{Trebizond}로 기원전 7세기에 밀레토스인^(고대 그리스인의 일파)이 세운 식민 도시였다. 비잔틴 시대에는 「작은 콘스탄티노플」이라고 불린 실크로드의 교역중심지였으며 흑해 해상무역의 거점이었다. 헤이즐넛과 홍차, 겨울의 명물인 생선 함시^{hamsi(큰 멸치)}, 그리고 다진 고기에 야채를 넣어 완자로 만들어 굽거나 튀긴 전통 요리로 우리의 동그랑땡 비슷한 쾨프데^{köfte}가 유명하다. 1월에 이곳에서 함시 페스티벌이 열린다.

트라브존의 중심인 메이단 공원에서 번화가인 우준 소칵^{Uzun} ^{Sokak}을 따라 비탈길을 내려가면 흑해 관광 유람선이 떠나는 선착장이 나온다. 해질 무렵에 비탈길에서 본 흑해가 매우 아름답다.

교외에 트라브존의 상징인 아야 소피아 성당^{Ayasofya}이 있다. 13세기 비잔틴 시대에 아르메니아 양식으로 지은 건축물이다. 이스탄불의 아야 소피아 대성당과 이름이 같은 아담하고 소박한 그리스 정교회의 성당이다. 성당 안에 13세기 전후의 비잔틴 미술을 대표하는 아름다운 프레스코 성화가 남아있다. 성화 중에는 〈예수와 열두 제자〉, 〈예수와 승천〉, 그리고 〈트라브존의 마리아〉라 불리는 성모 마리아의 성화가 유명하다. 오스만 시대에 모스크로 바뀌었다가 지금은 박물관으로 사용되고 있다.

쉬멜라 수도원

천국에 가까운 수녀원

트라브존에서 남으로 46 km 떨어진 깊은 계곡의 절벽에 쉬멜라 수도원 Sümera Manastırı이 아스라하게 매달려 있다. 절벽을 따라 올라가는 길이 무척 가파르고 험하다. 그리스 정교회의 수도원으로 「성모 마리아 수도원」이라고도 불린다. 쉬멜라는 그리

쉬멜라 수도원
동굴성당 외벽의
프레스코 성화

스어로 '검고 어둡다'라는 뜻이다. 이곳에 있는 「검은 성모 마리아」의 성화에서 유래된 이름이다.

4세기 고대 로마 시대에 아테네에서 온 수도사 바르나바와 소프로니오스가 성모 마리아의 계시를 받아 단애 절벽에 세운 수도원이다. 처음에는 작은 기도원이었으며 지금의 건물은 13세기에 재건한 것이다. 수도원을 장식하고 있는 벽화는 18세기의 작품들이다.

오스만 시대에도 수도원으로 유지됐으며 천 명이 넘는 수도사들이 신앙생활을 계속했다. 제1차 대전이 끝난 뒤 터키와 그리스 사이에 맺어진 주민교환 협정에 따라 그리스인들이 트라브존을 강제로 떠나가면서 수도원은 폐쇄됐다. 이때 수도원에 있던 많은 프레스코 성화가 손상됐고 귀중한 유물이 분실됐다.

바다처럼 넓은 반 소금호수

터키 동북부 산악지대

29

여름이 짧고 겨울이 긴 터키의 시베리아

동부 터키는 서부 터키와 민족도, 역사도, 문화도, 자연조건도 매우 다르다. 서부는 유럽 분위기가 짙지만, 동부는 중동 분위기가 짙은 지역으로 크게 동북부와 동남부로 나누어진다.

「터키의 시베리아」로 불리는 동북부 지역은 아르메니아와 이란 국경 가까이에 있는 산악지대. 터키에서 가장 높은 산인 아으르 다으(아라라트 산)를 비롯하여 고도 2천m가 넘는 고산준령이 연이어 있다. 이 지역의 기후는 서부 터키보다 여름이 짧고 겨울이 길다. 여름에는 서늘하고 겨울에는 기온이 영하 30도까지 내려가며 눈이 많이 내린다.

동북부 지역에는 민족의식이 강한 쿠르드 족Kurd이 많다. 그들은 유목민으로 4천여 년 전부터 터키 동부, 이란 서부, 이라크 북부의 산악지대에 걸쳐있는 쿠르디스탄Kurdistan에 거주했던 아리아계

의 종족으로 그 수가 2천2백만 명이나 되며 대부분이 모슬렘이다.[2]

역사적으로 동북부 지역을 처음 지배한 것은 고대 왕국 우라르투Urartu(기원전 10~6세기)였다. 구약성서에는 아라라트 왕국으로 나온다. 그 뒤 아르메니아 왕국(기원전 190~서기 387년)에 이어 비잔틴 제국의 지배를 받았고 13세기 몽골군의 침공을 받았으며 16세기에 이르러 오스만 제국에 통합되었다.

동북부 지역에는 룸 셀주크 시대의 영묘와 대상들의 숙소 카라반사라이, 비잔틴 시대의 수도원과 교회, 오스만 시대의 모스크 등 역사가 오랜 유적이 많이 남아있다. 그중 구약성서 노아의 방주 전설이 전해오는 아으르 다으, 세계 최대의 소금호수 반, 요염한 궁전 이삭파샤, 아르메니아 아니 유적이 유명하다. 동북부 지역의 관광은 6월부터 9월까지가 가장 좋다.

만년설과 빙하가 덮인 휴화산

이스탄불에서 1,600㎞, 터키의 맨 동쪽 끝자락의 이란과 아르메니아 국경 가까이에 전설의 산 아으르 다으Ağrı Dağı(아라라트 산)가 높이 솟아있다. 아으르 다으는 터키어로 '아픔의 산'이란 뜻이다. 이 산의 북쪽 기슭에 「에덴 동산Garden of Eden」이 있었고[3], 남쪽 기슭에 대홍

---

2) 쿠르드 족은 제1차 대전이 끝난 뒤, 영국의 분할정책으로 거주지가 터키, 이라크, 이란, 아르메니아로 흩어졌다. 터키 내 쿠르드 족은 자치권을 인정받기 위해 1925년에 무장반란을 일으켰으나 실패했다. 현재 터키에 약 1,200만 명이 거주하고 있다.
3) 티그리스와 유프라테스 강의 발원지가 터키에 있기 때문에 터키인은 에덴의 동산도 터키에 있었다고 믿고 있다.

돌처럼 딱딱하게 된
노아의 방주 자국이 남아 있는
「노아의 방주 공원 두루프나르」

수 때 「노아의 방주Nuhun Gemisi」가 멎었다는 전설이 전해오는 「성서의
산」이다. 구약성서 창세기(6장~9장)에 따르면 기원전 24세기 무렵, 노아
가 600세 되는 탄생일에 대홍수가 일어나 밤낮으로 40일 동안 비
가 내렸다. 노아의 가족과 동물들을 태운 방주는 5개월 동안 물 위
를 떠돌다가 아으르 다으에 닿았다.

높이 5,137m와 3,896m의 두 봉우리를 가진 아으르 다으는 만년
설과 빙하가 덮인 휴화산이다. 이 산의 남쪽 기슭에 있는 「노아의 방
주 공원 두루프나르」에 노아의 방주가 멎었던 길이 32m, 너비 24.5m
의 흔적이 돌처럼 딱딱하게 되어 남아 있다고 한다. 노아라는 말은
히브리어로 '휴식'이라는 뜻이다.

이삭파샤 궁전

아으르 다으 기슭에 있는 국경도시 도우바야즈트^{Doğubayazıt}의 동으로 5㎞ 떨어진 바위산 기슭에 요염한 궁전으로 유명한 이삭파샤 궁전^{İshak Paşa Sarayı}이 있다.

18세기 쿠르드인 총독 이삭 파샤^(장군)가 착공하여 99년 걸려 그의 손자 때 완공하였으나, 거의 폐허가 되다시피 한 것을 현재 복원 중이다. 페르시아, 아르메니아, 룸 셀주크 양식을 혼합해서 지은 이 궁전은 336개의 방, 큰 홀, 모스크, 왕의 목욕장, 하렘, 도서관, 그리고 이삭 파샤의 무덤이 있다.

세계 최대의 소금호수 반

터키 동북부의 끝자락, 이란 국경 근처의 고도 1,720m의 고원에 호반의 도시 반Van이 자리한다. 이스탄불에서 고속버스로 18시간, 항공기로 2시간 걸린다.

기원전 13세기부터 기원전 7세기까지 동부 아나돌루를 지배한 고대 왕국 우라르투의 수도였던 반(옛 이름 투쉬바)은 인구 34만 명의 도시로 주민의 대부분이 쿠르드인이다. 제1차 대전 때 폐허가 된 도시를 4㎞ 동쪽에 재건한 것이 지금의 반이다. 기원전 9세기에 지은 반성Van Kalesi이 남아있다. 이곳은 한쪽 눈은 파랗고 다른 쪽 눈은 노란 터키 고양이 오드아이(Odd-eye)의 고향이다.

반의 서쪽 고원지대에 터키에서 가장 큰 소금호수 반Van Gölü이 있다. 먼 옛날 아나돌루의 동부 일대는 바다였는데 지각변동으로 융기하여 고도가 1천600m가 넘는 이곳에 세계에서 가장 높은 소금호수가 생겼다고 한다.

지름 100㎞에 호안의 길이가 430㎞나 되는 반 소금호수는 그 넓이가 3,713㎢로 바다처럼 넓으며 물은 맑고 푸르기 그지없다. 이 호수는 들어오는 하천은 많으나 흘러나가는 하천이 없는 닫힌 호수다. 이스라엘의 사해死海보다는 못하지만, 염분이 많아 사람이 쉽게 뜬다.

아르메니아 유적

반 소금호수의 동으로 60㎞ 떨어진 언덕에 1643년에 지은 호삽성Hoşap Kalesi이 자리한다. 이 일대는 아르메니아인들이 많이 사는 지

악다마르 섬의
성 십자가교회

역이다. 아르메니아는 세계에서 기독교를 제일 먼저 국교로 받아들
인 나라다.4) 호수의 악다마르 섬Akdarmar Adası에 10세기에 지은 아르
메니아 정교회의 성 십자가교회가 남아있다.

***

4) 고대 로마 제국이 392년에 기독교를 국교로 정했는데 아르메니아는 301년에 세계
    최초로 기독교를 국교로 정했다.

중앙에 원뿔 모양의 독특한 지붕이 있고 사방에 입구가 있는 네 잎 클로버 모양의 교회다. 바깥벽은 '아담과 이브'를 비롯한 구약성서에 나오는 여러 이야기가 돌을새김 되어있어 건물 자체가 눈으로 보는 성서나 다름없다. 내부는 성인들의 프레스코화로 꾸며져 있다.

반 소금호수에서 북으로 240km에 있는 아니 유적^{Ani Harabesi}은 아르메니아 국경 근처에 10세기부터 13세기까지 실크로드 동서무역의 거점으로 번영했던 아르메니아 왕국의 도시이다. 1239년 몽골의 침입과 1319년의 대지진으로 100개의 궁전과 40개의 문, 1천여 개의 교회가 있었던 이 도시는 폐허가 돼 사라졌다. 그렇지만 그 당시의 흔적들이 남아 있어 옛 도시의 영화를 상상해볼 수 있다.

반 소금호수의
북쪽에 있는
아니 유적

넴루트 다으의 아폴로 머리상

터키 동남부
국경지대

30

예언자 아브라함의 고향 – 세계유산 넴루트 다으

디클Dicle(티그리스)과 피라트Firat(유프라테스) 강 사이에 자리한 동남부 지역은 시리아와 국경을 맞대고 있는 국경지대다. 동북부 지역보다 비교적 평지가 많으며 유목민이 많이 살고 있다.

기독교와 이슬람교의 성지인 믿음의 아버지 아브라함이 태어난 샨르우르파, 아브라함의 제2의 고향 하란, 산꼭대기에 왕의 무덤과 신상이 있는 세계문화유산 넴루트 다으 유적이 유명하다.

아브라함의 땅 샨르우르파

반 호수에서 서남으로 45㎞, 시리아 국경 근처에 기독교와 이슬람교의 성지 샨르우르파Şanlıurfa가 자리한다. 옛 지명은 알렉산드로스 대왕 시대에는 에데싸Edessa였고 오스만 시대에는 루하Ruha였다.

제1차 세계대전이 끝나고 이곳을 점령한 영불 연합군에 대항하여 터키의 해방을 위해 시민들이 맞서 싸웠다. 이를 기념하여 1984

년에 터키 정부는 터키어로 '명예롭다'는 뜻의 샨르Şanlı라는 칭호를 부여하여 원래 우르파였던 도시 이름이 샨르우르파로 바뀌었다.

터키의 이슬람교는 이곳을 구약성서 창세기에 나오는 우르Ur로 보고 예언자 아브라함Abraham(원래 이름 아브람Abram)의 탄생지로 삼고 있다.[5] 아브람은 '높은 아버지'라는 뜻이며 노아의 세 아들 중 장남인 셈의 10대 자손이다. 유대교, 기독교, 이슬람교 모두가 아브라함을 「신앙의 아버지」로 섬긴다. 동방의 의인 욥Job과 예언자 엘리야Elijah 도 이곳에 살았다 해서 「예언자의 도시」라고 부른다.

아브라함의 흔적들

샨르우르파에 아브라함이 태어난 동굴과 성스러운 물고기가 사는 연못이 남아있다. 전설에 따르면 이곳을 지배했던 아시리아 왕 님로트Nimlot가 유아를 살해하도록 명령했기 때문에 아브라함의 어머니가 이 동굴에 숨어서 아브라함을 낳았다. 우르파 성채의 바로 아래 있는 큰 바위산에 탄생동굴이 있으며 그 옆에 메블리드 할릴 자미Mevlidi Halil Camii가 서 있다.

동굴 곁에 있는 바르크르 괴루Balıklı Gölü는 화형火刑을 당하게 된 아브라함을 신이 불을 물로, 장작을 물고기로 바꾸어 버려 기적적으로 살아났다는 전설이 남아있는 연못이다. 근처에 르드바니예 자미Rıdvaniye Camii와 할릴뤼르 라흐만 자미Halilür Rahman Camii가 있다.

---

5) 지금은 매립돼 없어졌지만, 쿠웨이트 서해안에 있던 우르라는 마을을 이스라엘 민족의 조상인 아브람이 태어난 곳으로 보고 있다.

샨르우르파의 아브라함 동굴 곁에 있는 바르크르 괴루 연못과 할릴뤼르 라흐만 자미

그 남쪽에 아브라함을 연모했던 님로트 왕의 딸 젤리하가 화형을
받는 아브라함을 보고 슬픔을 이기지 못하여 몸을 던진 젤리하^{Ayn}
^{Zeliha} 연못이 있다.

샨르우르파의 향토 요리로는 우르파 케밥과 양고기로 만든 피자
와 비슷한 라흐마준^{lahmacun}이 유명하다.

아브라함의 제2의 고향 하란

샨르우르파에서 남으로 44㎞에 구약성서에 나오는 아브라함의 제
2의 고향 하란^{Harran}이 자리한다. 지금은 소, 말, 산양을 방목하는

하란의 원뿔 지붕의
특이한 집들

인구 1,500명의 작은 농촌이다. 하란의 볼거리로 200여 년 전에 지은 원뿔 모양의 특이한 집들이 있다. 원뿔 지붕은 햇볕에 말린 흙 벽돌로 30~40단을 쌓아올려 지었는데 그 높이가 5m나 된다. 이 지방의 기후와 환경에 맞는 건축양식으로 여름에는 시원하고 겨울에는 따뜻하다. 그밖에 기원전에 세운 오래된 성벽, 천문관측대 등의 유적이 남아있다.

하란 근처에 「야곱의 샘」이 있다. 아브라함의 손자 야곱이 그의 아내 라헬을 처음 만나 인연을 맺게 된 우물이다.

넴루트 다으의 꼭대기에 있는
제단과 신상들

신들의 부활 – 넴루트 다으의 일출

동남부 여행의 하이라이트는 동부 터키의 관광기점인 아드야만 Adıyaman에서 90㎞ 떨어진 산악지대에 있는 고고학적 유적으로 유명한 넴루트 다으 Nemrut Dağı(넴루트 산) 유적이다. 높이 2,150m의 산꼭대기에 신왕神王의 무덤과 거대한 신상들이 피라트(유프라테스) 강을 내려다보고 있다. 1987년에 세계문화유산으로 지정된 이 유적을 세계 8대 불가사의라고 터키인들은 자랑한다.

기원전 1세기 무렵 콤마게네 왕국 Commagene Kingdom[6]의 왕 안티오코스 1세 Antiochus I(기원전 324~262)는 넴루트 다으 꼭대기에 히에로테시온 Hierothesion을 만들었다. 히에로테시온은 그리스어로 '성스런 안식처'라는 뜻이다. 거대한 무덤은 작은 돌로 쌓아 높이 50m, 지름 150m의 피라미드를 이루고 있으며 무덤의 동, 서. 북쪽에 돌로 만든 3개의 제단이 있다. 무덤의 동쪽과 서쪽 제단 사이에 그리스 신화의 최고신 제우스와 조로아스터교[7]의 천지 창조주 오로마스데스가 혼합된 제우스·오로마스데스 신상이 있다.

왼쪽에 왕 스스로를 신격화한 안티오코스 1세 상과 그리스 신화의 운명의 여신 듀케가 혼합된 콤마네케·티케 여신상, 오른쪽에 그리스 신화의 태양신 아폴론과 조로아스터교의 빛의 정령 미트라스가 혼합된 아폴론·미트라스, 그리스 신화의 전쟁 신 헤라클레스와

---

6) 콤마게네 왕국은 동방 원정에 나섰던 마케도니아의 알렉산드로스 대왕이 죽은 뒤 기원전 1세기 무렵 탄생하여 유프라테스 강 동쪽을 지배한 작은 왕국이다.
7) 예언자 조로아스터Zoroaster가 창시한 유일신 오로마스제데스를 신앙하는 고대 페르시아 종교

페르시아 군신軍神인 아르타게네스 아레스가 혼합된 헤라클레스·아르타게네스 아레스 신상이 있다.

머리 높이 2m, 몸통 높이 8m의 거대한 신상은 그리스풍의 얼굴에 끝이 뾰족한 고깔모자를 쓰고 페르시아풍의 머리 모양과 복장을 한 헬레니즘 양식의 신상이다. 지진 때문에 머리가 떨어져 땅바닥에 뒹굴고 있고 그 곁에 사자와 독수리의 조각상이 있다.

넴루트 다으에서 본 일출이 장관이다. 마치 신들이 부활하는 것처럼 신비한 분위기를 자아내는 넴루트 다으의 일출을 보려면 새벽 4시에는 호텔을 출발해야 한다. 이곳 여행은 6월부터 8월까지가 가장 적기다. 겨울에는 춥고 눈이 많이 내려 여행을 할 수 없다.

넴루트 다으의 일출 광경

맺는 말

지금까지 세계 곳곳을 여행해왔다. 대한항공 재직 시에 업무 상 다닌 도시가 동서로 아프리카의 라스팔마스에서 남미 에콰도르의 수도 키토까지, 남북으로 알래스카의 페어뱅크에서 호주 의 시드니까지 거의 100여 곳이 넘는다.

정년퇴직 후에도 기회만 되면 카메라를 메고 여러 곳을 다녔다. 그중 흠뻑 매료되어 여러 번 다녀온 곳이 고대 문명의 보고 이집트, 대자연이 살아 숨쉬는 대초원의 나라 몽골, 불가사의한 신비가 가득한 매혹의 나라 터키, 종교유적으로 유명한 캄보디아의 앙코르 왓과 500개 가까운 동굴사원이 있는 중국의 둔황이다.

이스탄불을 처음 가본 것은 1975년이었다. 대한항공의 유럽본부장으로 파리에 주재 근무할 때 서울-파리 노선을 개설하고 영업망 확충을 위해 쿠웨이트, 레바논, 제다 등 중동지역의 출장길에 이스탄불도 잠시 들렀다. 그 뒤 항상 그 매력을 잊지 못하다가 정년 퇴직 후 몇 번 다녀왔다.

최근에는 지난 7월 36℃를 오르내리는 무더위 속에 카메라 메고 2,500㎞가 넘는 터키 일주 장거리 버스여행을 다녀왔다.

여행 다니며 수집한 자료와 직접 찍은 사진을 정리하여 고대 이집트와 몽골에 관한 이야기를 엮어 《이집트의 유혹 2009년, 기파랑》과 《몽골의 향수 2011년, 기파랑》를, 수집해 두었던 비행기 자료를 정리하여 《비행기 이야기 2010년, 기파랑》를 출판했다. 이번에는 《터키의 매혹》을 출판하게 됐다.

동서 여러 민족의 위대한 역사적 유적과 다채로운 문화유산을 만나게 되는 터키 여행은 터키에 관한 어느 정도 예비지식을 갖고 가야할 여행지다. 특히 이슬람교와 초기 기독교에 관한 이해가 필요하다.

터키를 여행해보면 몇 번을 가도 또 가고 싶어지고 언제 가도, 어디를 가도 갈 때마다 새로운 매력을 발견하게 되어 세계 어느 여행지에서도 느껴보지 못한 터키만의 독특한 감동을 느끼게 된다. 지난여름 여행 때 이스탄불의 카리예 박물관에서 본 모자이크 성

화(이콘)는 여행에서 돌아와서도 내내 눈에 선하고 마음에 깊이 남아 있다.

정년퇴직 후 여행 작가가 되도록 끊임없이 조언해주고 독려해주신 한림대학교 이상우 전 총장과 스카이라이프 서동구 전 사장, 그리고 《이집트의 유혹》, 《몽골의 향수》, 《비행기 이야기》에 이어 《터키의 매혹》까지 기꺼이 출판해주신 도서출판 기파랑의 안병훈 사장에게 진심으로 감사드린다. 아울러 책이 출판되도록 챙겨주신 민혜련 편집장과 박은혜 양, 그리고 북 디자이너 김정환 선생에게 깊이 감사드린다.

2013년 봄, 서울 화곡에서
화운(禾耘) 이태원(李泰元)

Appendix
부록

지금의 터키

국명 : 터키 공화국Republic of Turkey

국기 : 빨강 바탕에 흰 별과 달의 성월기星月旗
별과 삼일월은 터키 민족의 진보와 독립 상징

수도 : 앙카라(최대 도시 – 이스탄불)

위치 : 유럽대륙의 동남과 아시아대륙의 서남에
위치(북위 35°~42°, 동경 25°~45°)

정체 : 공화제

의회 : 단원제(550 의석)

면적 : 78.3만㎢(한반도의 3.5배)

인구 : 73,722,988 명(2010년 – 세계 18위)

인종 : 터키인 그밖에 쿠르드인, 아르메니아인,
그리스인, 유대인

언어 : 터키어

종교 : 이슬람교(98%) 그 밖에 그리스 정교회,
유대교

국내 총생산 : 17,500억불 세계 52위(2012년 기준)

주요 산업 : 서비스업, 공업, 농업

경제 성장률 : 8.9%(2010년 기준)

한국과의 관계

1949년 : 대한민국 승인

1950년 : 한국 전쟁 참전

1957년 : 한국과 대사급 외교관계 수립

1982년 : 케난 에브렌 대통령 공식 방한

2005년 : 노무현 대통령 터키 공식 방문

2010년 : 압둘라 귈 대통령 공식 방한

2012년 : 이명박 대통령 터키 공식 방문

터키 가는 길

인천 – 이스탄불 : 대한항공, 아시아나, 터키항공의 직행편 이용(편도 11시간 소요)

주요 관광코스

기본 코스(8일 코스) 이스탄불 – 카파도키아 – 콘야 – 파묵칼레 – 에페스 – 이스탄불

전국 일주 코스(12 코스) 이스탄불 – 사프란볼루 – 앙카라 – 하투샤 – 카파도키아 – 넴루트 다으 – 파묵칼레 – 에페스 – 트로이 – 이스탄불

주요 관광지

역사 유적 관광 : 이스탄불, 보아즈칼레, 고르디온, 차탈회윅, 히에라폴리스, 에페스, 베르가몬, 트로이, 에르디네, 부르사.

종교 유적 관광 : 이스탄불, 아으르 다으, 샨르우르파, 카파도키아, 에페스, 콘야, 소아시아 일곱 교회.

자연유산 관광 : 카파도키아, 파묵칼레, 에게 해·지중해 연안, 반 소금호수, 아으르 다으.

유명 박물관 관광 : 이스탄불 고고학 박물관. 고대 동방 박물관, 장식타일 박물관, 터키 이슬람 미술 박물관, 군사박물관, 카리에 박물관, 톱카프 박물관, 아나돌루 문명 박물관

유네스코 세계유산 관광 : 이스탄불의 역사지구, 디브리시, 하투샤, 넴루트 다으, 크신도스 – 레툰, 트로이, 사프란볼루, 괴레메 국립박물관과 기암, 히에라폴리스, 파묵칼레, 셸리미예 자미

고대 7대 불가사의 관광 : 에페스의 아르테미스 신전, 보드룸의 마우솔로스 영묘.

시차

한국보다 7시간 늦음.

(한국시간 낮 12시 – 이스탄불 새벽 5시)

3월~10월은 썸머 타임으로 6시간 늦음.

(한국시간 낮 12시 – 이스탄불 새벽 6시)

터키의 기온

	1월	2월	3월	4월	5월	6월	7월	8월	9월	10월	11월	12월
최저평균(℃)	3	3	4	8	12	16	19	19	16	12	9	9
최고평균(℃)	9	9	12	17	22	26	28	28	25	20	15	11

기후와 여행 시기

사계절이 있으나 봄과 가을이 짧음.

서부 – 에게 해 연안 : 지중해성기후

흑해 연안 : 온대습윤기후

중부 고원 : 스텝 기후

동부 산악지대 : 대륙성 기후.

화폐와 환전

지폐 : 6종류 1, 5, 10, 20, 50, 100 YTL

동전 : 6종류 1, 5, 10, 25, 50YKr, 1YT

화폐단위 : 신 터키 리라 YTL^(Yeni Türk Lirası)

환전 : 은행, 호텔에서 환전할 수 있음.

카드 : VISA와 AMEX 등 카드 사용할 수 있음.

전압

전압 : 220V

주파수 : 50Hz

콘센트 : 컨티넨탈 유럽형 C타입

식수

수도 물은 식수로 마실 수 없음. 생수를 사서 마셔야
함. 관광버스에 준비돼있는 생수를 사서 마시는
것이 가장 경제적임.

화장실

고급 호텔, 레스토랑 등에는 서구식 화장실이
갖추어져 있음. 공중화장실, 버스터미널이나
휴게소의 화장실은 대부분 유료(잔돈 준비 필요).

국제전화

한국에서 터키 전화 :

00 + 90 + 도시코드(0번제외) + 전화번호

터키에서 한국 전화 :

00 + 82 + 도시코드(0번제외) + 전화번호

*도시코드 앙카라 312 이스탄불 212, 216

팁

레스토랑과 호텔 등에서는 요금에 서비스료가
포함되어 있음.
고급호텔은 10%, 벨보에게 1 YTL(한국 돈 750원)
정도 팁을 줌.

역사 연대기

기파랑耆婆郞은 삼국유사에 수록된 신라시대 향가 **찬기파랑가**讚耆婆郞歌의 주인공입니다.
작자 충담忠談은 달과 시내와 잣나무의 은유를 통해 이상적인 화랑의 모습을 그리고 있습니다.
어두운 구름을 헤치고 나와 세상을 비추는 달의 강인함, 끝간 데 없이 뻗어나간 시냇물의 영원함,
그리고 겨울 찬서리 이겨내고 늘 푸른빛 잃지 않는 잣나무의 불변함은 도서출판 기파랑의 정신입니다.
www.guiparang.com

터키의 매혹
초판 1쇄 발행일 2013년 3월 25일
초판 2쇄 인쇄일 2013년 8월 28일

지은이 | 이태원
사진 | 이태원
펴낸이 | 안병훈
북디자인 | 김정환

펴낸곳 | 도서출판 기파랑
등록 | 2004년 12월 27일 제300-2004-204호
주소 | 서울시 종로구 동숭동 1-49 동숭빌딩 301호
전화 | 763-8996(편집부) 3288-0077(영업마케팅부)
팩스 | 763-8936
이메일 | info@guiparang.com
ISBN 978-89-6523-913-0 03980

Sofia

BULGARIA

kopje

DONIA

BLAC

Thessaloniki

Bosporus

Istanbul

Sa

Dardanelles

CE

AEGEAN

Izmir

TUR

ens

A N A T O L

Antalya

Rhodes

Ada

Nic

CYPRUS

LEB

CAUCASUS

K SEA

Mt.
El'brus
18,510

GEORGIA

Tbilisi

ool Yalta

sunо

Trabzon

Yerevan

nkara

Mt. Ararat

Erzurumо 16,945
(Agri Dagi)

KEY

Lake Van

A

Gaziantep

Tigris

A

Mosu

Euphrates

a

Aleppo

Kirkuk

ia

SYR